复杂工况下混凝土轴拉力学特性及损伤机理

范向前　陈徐东　卜静武　陆　俊　著

U0311234

科学出版社

北京

内 容 简 介

本书开展了复杂加载工况下混凝土的轴向拉伸破坏试验，结合试验获得的科学数据和理论分析方法构建了混凝土轴拉应力-应变关系模型和损伤演化模型。同时，借助声发射无损检测方法分析了混凝土轴拉破坏过程的声发射特性。全书除绪论和总结外，共 7 章，包括复杂加载工况下混凝土轴拉试验、声发射特性分析及混凝土轴拉破坏模型构建。

本书为混凝土断裂损伤机理的研究提供了大量的试验数据，对于从事混凝土拉伸破坏研究的科研人员具有重要的参考价值。

图书在版编目(CIP)数据

复杂工况下混凝土轴拉力学特性及损伤机理/范向前等著. —北京：科学出版社，2018.6

ISBN 978-7-03-057735-1

Ⅰ.①复… Ⅱ.①范… Ⅲ.①水工结构 Ⅳ.①TV3

中国版本图书馆 CIP 数据核字(2018)第 128056 号

责任编辑：惠 雪 曾佳佳 / 责任校对：彭 涛
责任印制：张克忠 / 封面设计：许 瑞

科 学 出 版 社 出版
北京东黄城根北街 16 号
邮政编码：100717
http://www.sciencep.com

保定市中画美凯印刷有限公司 印刷
科学出版社发行 各地新华书店经销
*
2018 年 6 月第 一 版 开本：720×1000 1/16
2018 年 6 月第一次印刷 印张：13
字数：260 000
定价：99.00 元
(如有印装质量问题，我社负责调换)

序

  我国位于环太平洋地震带与欧亚地震带之间，地震发生十分频繁，且具有频度高、强度大、震源浅、分布广的特点。仅2017年一年时间，在我国西藏、台湾、新疆、四川等地发生 5.0 级以上地震 19 起。特别在我国的四川

  省境内，近十年来，发生的震级超过 7.0 级的地震多达 2 起（四川汶川 8.0 级地震以及四川九寨沟 7.0 级地震），造成了大量的人员伤亡以及财产损失。由于混凝土的抗震力学性能很大程度上受到其抗拉力学性能的控制，因此研究其轴拉往复力学性能具有重要的现实意义。

  混凝土抗压力学性能的研究已经趋于成熟，在我国的工民建建设中也起到了非常巨大的作用。相对地，混凝土抗拉力学性能仅为其抗压力学性能的十分之一左右，因此在结构物的建设中通常采用钢筋对混凝土的低抗拉力学特性进行补足，这也使得混凝土抗拉力学性能的研究逐步淡出人们的视线。直到混凝土大坝的大量建设以来，无论是重力坝、拱坝还是支墩坝，都需要混凝土自身的抗拉力学特性来承受坝体的静、动水压力，混凝土拉伸力学性能的研究才具有了水工研究领域的"现实意义"。20 世纪，自断裂力学引入混凝土领域的研究以来，学者们意识到混凝土拉伸力学特性是与其断裂特性直接相关的。可以说，断裂破坏是拉伸现象的根本原因，拉伸破坏是断裂力学的工程体现。断裂力学可以从机理性以及根源上对混凝土断裂的发生进行预防，因此近年来混凝土拉伸力学特性的研究又逐步受到了人们的重视。

  混凝土材料非均质又具有准脆性，同时混凝土的力学特性受其应力历史的影响，因此该书研究其初始状态后的力学性能以及往复荷载下的力学性能是具有十分重要的实际意义。该书涉及工况复杂，几乎涵盖了单轴拉伸加载方式下的所有工况，同时对实际地震的工况进行了成功的模拟；试验设计量巨大，避免了试验的偶然性；研究方式完备，结合试验方法与理论分析进行研究说明，增加了研究的可靠性。对于混凝土非线性的阐释，无论在材料层面揭示材料的自身属性，还是在结构层面为实际工程提供有效的数据，都可以为混凝土领域的研究发展提供一份不可忽视的贡献。

2018 年 3 月 29 日

前　言

在强烈地震作用下，混凝土结构的应力-应变响应和破坏过程极其复杂。由于混凝土材料的抗拉强度远低于其抗压强度，混凝土结构的抗震安全主要由混凝土的抗拉强度和变形控制。地震波会引起不同振幅、不同速率的周期振动，工程结构在持续振动下将受到不同程度的损伤甚至破坏。因此，研究复杂加载工况下混凝土的拉伸力学性能，建立损伤演化模型，为混凝土结构损伤破坏的评估提供参考依据，对确保混凝土结构安全具有重要的理论意义与工程实用价值。

作者总结了在复杂加载工况下混凝土轴拉力学性能及损伤破坏机理方面多年的研究成果，参考了大量国内外文献资料，编写了这本专著。本书内容包括复杂加载工况下混凝土轴拉力学性能试验及理论研究，通过开展大量的试验获得混凝土轴拉破坏的科学数据，基于弹塑性损伤理论建立了混凝土轴拉应力-应变关系模型，并借助声发射无损检测方法对混凝土拉伸破坏过程的声发射特性进行了深入研究。希望本书的出版能为混凝土拉伸破坏方面研究的科研人员提供可靠的基础数据和理论研究方法。

本书由范向前、陈徐东负责总体策划，组织编写和全书统稿。各章节执笔人具体分工如下：

第 1 章　卜静武；第 2 章　范向前；第 3 章，第 4 章　范向前，陆俊；第 5 章，第 6 章　范向前，陈徐东；第 7 章，第 8 章　陈徐东，卜静武；第 9 章　陆俊。

作者在本书的编写过程中做了很多努力，以减少书中的错误和疏漏，由于作者水平有限，唯恐难以避免，恳请读者给予指正。

本书编写过程中，参阅引用了许多文献资料，在参考文献中都一一标明了出处，在此特向有关作者致谢！

本书的出版得到了国家重点研发计划（2016YFC0401907），国家自然科学基金（51679150，51579153），国家重大科研仪器研制项目（51527811），南京水利科学研究院院基金项目（Y417002，Y417015），南京水利科学研究院出版基金的大力资助，在此一并感谢。

最后，向所有对本书编写工作给予支持和帮助的人表示衷心的感谢！

作　者

2018 年 1 月 15 日

目　　录

1 绪　　论

1.1　研究背景及意义

在高烈度地震荷载作用下，混凝土结构内部应力场会发生剧烈变化，极易引发疲劳损伤甚至破坏。混凝土结构在持续循环荷载作用下的失效，通常表现为混凝土结构的严重开裂拓展，进而影响建筑物的安全有效运行。因此，混凝土结构的设计是否安全、合理，不仅取决于抗力分析方法的正确性[1-3]，而且还取决于所采用混凝土材料的抗动力特性参数，它是确保混凝土结构抗疲劳和防止地震灾变不可缺少的重要组成部分[4,5]。但迄今这方面的研究进展还很小，仍存在不少基础性问题需要进一步探索和深化研究，已成为结构抗震安全评价中的"瓶颈"。

地震作用引起的混凝土结构内部受力状态主要特点体现在循环作用，并非单调荷载，即荷载路径较复杂。循环荷载通常表现为不同振幅、不同速率的周期振动，混凝土结构在持续振动下将受到不同程度的损伤甚至破坏[4]。研究表明，循环荷载不仅导致材料强度、刚度的衰变劣化，还会导致残余应变的累积，这显然与单调加载描述的本构关系有区别。在循环荷载作用下，混凝土的损伤不但随荷载的循环而累积，亦随荷载速率差异而变化。此外，混凝土结构的失稳破坏，不能仅以应力超过限定值为判断准则，还要考虑以变形表征结构的整体失稳，这就需要研究循环荷载作用下混凝土结构损伤破坏非线性效应的精细化建模理论与方法和循环荷载下材料的非线性力学特性[6]。混凝土结构的非线性力学性能研究要比线性力学性能研究滞后得多，尤其是混凝土应力-应变峰值后软化段特性[7]。因此，循环荷载作用下混凝土结构破坏的数值模拟分析离不开循环荷载作用下混凝土材料的非线性力学特性和损伤演化规律。

混凝土结构在抗压强度方面一般有较大的安全余度，抗拉强度远低于其抗压强度[8]，混凝土结构的开裂损伤主要表现为混凝土内部微裂缝的萌生发展和宏观开裂。开裂主要取决于混凝土的抗拉强度和变形。因此，混凝土材料的直接拉伸应力-应变曲线资料是试验研究最基础的数据与前提，是混凝土力学性能试验研究的重点内容。

声发射(acoustic emission，AE)是材料或者结构在外力或者内力作用下，产生变形或损伤的同时，以弹性波的形式释放出部分应变能的一种自然现象，是材料内部由于应力的不均匀分布所导致的由不稳定的高能态向稳定的低能态过渡时产生的松弛过程。声发射技术是根据材料或者结构内部发出的这种弹性波来判断材料或者结构内部损伤程度变化的一种无损检测方法。声发射检测具有动态性和实时性，即可以连续地检测材料或者结构内部变形或损伤演化的全部过程，如图 1-1 所示。

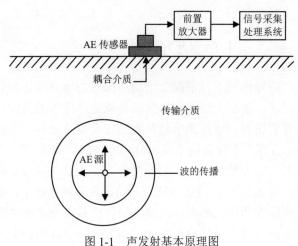

图 1-1　声发射基本原理图

1.2　研　究　现　状

遭受循环荷载作用的混凝土结构内部应力复杂，且伴随塑性变形的产生以及刚度的衰减，损伤累积速度通常较快，其应力-应变响应以及破坏过程与单调荷载作用下区别较大。下面将结合本书中开展的工作从以下几方面对相关研究现状进行简要总结和评述。

1.2.1　循环加载路径对混凝土力学性能的影响

1.2.1.1　不同加载路径下混凝土的力学性能

对循环荷载作用下混凝土力学性能的研究最早追溯到 1964 年，Sinha 等[9]通过循环压缩试验研究了混凝土的疲劳损伤演化过程，根据试验结果提出了半经验应力-应变曲线模型。突出贡献是提出了唯一包络线的概念，即在循环加载过程中，无论加载路径如何变化，应力-应变曲线的上限总是在某一条曲线范围之内，且这条曲线可以用单调荷载下的应力-应变曲线表示，这个结论也被后来许多学者所证实[10,11]。为了研究加载路径对混凝土损伤演化的影响，Spooner 和 Dougill[12]研究了加载、重加载、卸载的次序对混凝土力学性能的影响，计算了循环加载过程中耗散能的大小。研究结果表明，材料在循环荷载作用下耗散能的大小与材料的弹性模量有关，且能够表示材料损伤程度的耗散能和弹性模量在应变小于 0.0004 时就受加载路径的影响。

Spooner 等[13]研究表明，循环压缩荷载作用下混凝土应力-应变曲线的形状与材料的损伤程度相关。在固定应力幅值范围内循环压缩试验研究结果表明，当最大应力水平低于单调抗压强度的 60%~70%时，循环荷载对材料产生的主要作用是非线弹性变形；当最大应力水平增加时，循环荷载对材料损伤的影响主要体现为微裂纹的扩展甚至完全破坏。

Spooner 和 Dougill[12]通过加载至固定最大应变的循环加载试验研究表明，只有在第一个循环损伤累积比较明显，在后续循环荷载作用下，材料损伤累积非常缓慢，几乎呈稳定状态。Karsan 和 Jirsa[14]的研究结果表明，当循环加载至持续减小的最大应力水平时，循环若干次之后，材料的损伤程度趋于稳定，此时的加载应力水平表示疲劳极限应力水平。

Otter 和 Naaman[11]研究了钢纤维混凝土的压缩循环力学性能，并提出了分析模型，认为对钢筋混凝土结构的分析需要明确混凝土材料在各种加载路径下的力学特性。Bahn 和 Hsu[15]研究了随机循环荷载作用下混凝土的力学特性。Sinaie 等[16]研究了圆柱体试件的直径和径高比对混凝土循环力学性能的影响。Ramazan[17]研究了强度范围在 5~10 MPa 的低强混凝土的循环力学性能，研究结果表明，普通混凝土的分析模型不适用于低强混凝土，低强混凝土的残余变形和弹性模量离散性较大，粗骨料力学性能的影响较大。混凝土的力学性能与其主要组成部分水泥砂浆或净浆的性能相关，对砂浆开展的循环压缩试验研究结果表明，材料在循环荷载作用下的损伤主要表现在残余应变的累积和弹性模量的衰减两方面。Spooner 等[13]发现随骨料体积分数的增加，每个循环引起的弹性模量衰减增大，而水泥净浆弹性模量的衰减过程与养护龄期和水灰比无关。

Yankelevsky 和 Reinhardt[10]根据循环荷载作用下混凝土应力-应变曲线的几何特点构建了应力-应变曲线分析模型。Palermo 和 Vecchio[18]通过混凝土循环加载的试验研究结果建立了考虑拉、压区裂纹扩展的本构模型。Sima 等[19]和 Breccolotti 等[20]研究了循环荷载作用下混凝土的损伤演化规律，并将损伤参数引入本构模型中。

除上述单轴循环加载试验外，混凝土材料在多轴循环荷载作用下的力学性能也受到一些学者的关注。Jeragh[21]研究了双轴循环荷载作用下混凝土的力学性能，施加的侧向压力为 0.5 倍轴向压缩强度，单轴循环应力-应变曲线与 Karsan 和 Jirsa[14]的试验结果相似。Jeragh[21]指出影响材料循环力学性能的参数与单调力学性能类似。在双轴循环荷载作用下，材料循环力学性能的变化依赖于侧向压力的大小，材料的弹性模量随循环次数的增加而降低，这与单轴循环荷载作用下的规律相同。

抗压强度是混凝土结构安全设计与评价的重要参数，因此，研究成果相对较多。但对于混凝土这类脆性材料，其拉、压特性相差悬殊。首先表现在两种荷载作用下极限强度的差异，其次，拉、压荷载作用下的破坏机理也不同，受压破坏表现为压溃，而受拉破坏表现为开裂。此外，两种荷载下混凝土塑性变形累积也不同，压缩荷载作用下，材料塑性变形累积较大，混凝土表现出明显的塑性流动，破坏过程缓慢，损伤累积较慢；而在拉伸荷载作用下，塑性变形累积很小，混凝土的破坏表现出明显的脆性，损伤累积相对较快，破坏较迅速。因此，拉、压荷载作用下混凝土材料的本构模型很难统一，需要分别研究。

拉伸力学性能的测试通常有三种试验方法：轴拉、弯拉和劈拉。弯拉和劈拉是间接测试拉伸强度的试验方法，试验技术较成熟，测试的拉伸强度能反映材料的基本力学性能，因此得到广泛的应用。轴拉试验是最直接的拉伸试验方法，轴拉荷载作用下材料内部的应力分布最接近真实的拉伸受力状态，但是轴拉试验技术难度大，实现困难，因此，相关的研究相对较少，循环拉伸试验更显稀缺，仅在少数文献资料中看到。Reinhardt 和 Cornelissen[22]利用液压伺服试验机以位移控制的加载方式实现了循环轴拉试验，研究了混凝土的循环拉伸力学性能。Yankelevsky 和 Reinhardt[23]利用 Reinhardt 和 Cornelissen[22]的试验结果提出了单调和循环拉伸应力-应变模型，卸载应力-应变曲线的曲率和形状随卸载应变的变化而变化，但是，所有的卸载曲线可以用同一个形式的数学模型来表示，模型参数与卸载点应变相关。加载曲线模型是基于初始切线模量构建的，同时需要加载起始点的应力和应变数据，即加载从何处开始到何处结束。

综上所述，加载路径对混凝土循环力学性能有很大的影响，关于拉、压试验研究的进展很不平衡，压缩循环试验研究较多，而拉伸循环试验研究非常少。而混凝土材料的拉伸强度仅是抗压强度的 1/15~1/12，且拉伸荷载作用下表现的脆性明显，极易发生开裂破坏，尤其是素混凝土。因此，循环拉伸力学性能是混凝土结构试验研究的重点内容。

荷载控制方式、荷载的持续时间、应力水平和加载速率会影响循环加载路径，从而影响混凝土的力学性能。

1.2.1.2　不同荷载控制方式下混凝土的应力-应变曲线

混凝土的应力-应变曲线可以通过试验机测试得到，一般加载控制方式为荷载或位移（变形）控制。位移控制方式比荷载控制方式复杂，但是可以获得应变软化段。本小节对荷载和位移控制得到的拉伸应力-应变曲线进行总结。

以荷载控制的拉伸试验最易实现，但是这种控制方式只能测得峰前应力-应变曲线，当荷载达到混凝土强度时，混凝土内部裂缝开始扩展，无法继续承受试验机施加的荷载，发生突然断裂，如图 1-2（a）所示。荷载控制加载方式无法获得峰值荷载后裂缝稳定开展的应力-应变曲线。

混凝土应力-应变全曲线通常必须采用位移或应变控制的加载方式获得。混凝土的应力-应变曲线可以分为三个阶段，如图 1-2（b）所示，第一阶段（图 1-2（b）中的线段 1）混凝土的应力-应变表现为弹性响应阶段，与荷载控制得到的应力-应变曲线相同。第二阶段（图 1-2（b）中的线段 2）是非线性阶段，在拉伸试验中，应力-应变线性响应持续到接近混凝土峰值荷载，非线性阶段非常短暂。峰值荷载之后即进入第三阶段（图 1-2（b）中的线段 3），应变软化段，裂缝开始聚核形成局部裂缝，直至裂缝贯穿，完全破坏。

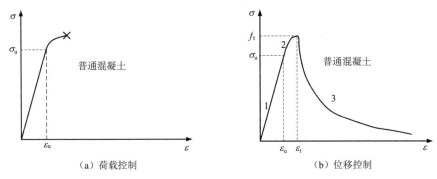

（a）荷载控制　　　　　　　　　　　　　（b）位移控制

图 1-2　普通混凝土单调拉伸应力-应变关系示意图

应变软化段的形状与试件的长度或测量标距有关。混凝土试件在承受拉伸荷载时，其内部受力区至少可以分成三部分：一部分是离散裂缝区域，另外两部分与裂缝区域相连，应力先增大后减小。卸载时，无裂纹弹性部分会将弹性能释放到有裂纹的区域。卸载过程中，弹性程度随试件长度增大，荷载-位移曲线表现出急速返回现象。所以，试件的长度越长，试验越难控制。假设测量的长度为零时，则没有弹性应变，测得的仅仅是裂缝张开大小。Hordijk[24]对测量长度为 0~500 mm的试件荷载-位移曲线进行了模拟。模拟结果表明，峰前段表现出线弹性，位移随测量长度的增加而增加。当测量长度达到 500 mm 时，卸载时的位移不足以抵消弹性恢复的变形，导致急速返回现象。

以 Kessler-Kramer[25]的轴拉循环试验数据为例，图 1-3 表示荷载控制的循环荷载-位移曲线。从图中可以看到，随循环次数的增大，荷载-位移曲线逐渐向位移增大的方向移动，刚度也在逐渐降低。该试验中加载的应力水平是静态强度的90%，加载一定循环次数之后试件会发生突然破坏。

软化阶段的循环加载具有两个特征：一是位移逐渐增加；二是随着循环次数的增大，混凝土的刚度逐渐降低。图 1-4 是 Reinhardt 等[26]进行的峰后单轴往复拉伸试验，从图中可以看出，滞后回线倾斜程度逐渐增大（刚度逐渐减小）以及不可逆变形逐渐增大。

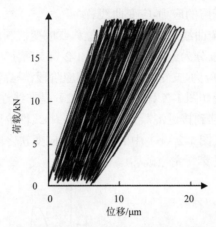

图 1-3　荷载控制的往复拉伸荷载下混凝土荷载-位移关系

图片来源：文献[25]

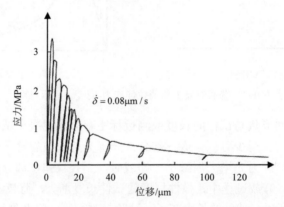

图 1-4　位移控制的往复拉伸荷载下混凝土应力-位移关系

图片来源：文献[26]

1.2.1.3　有效荷载持续时间

混凝土材料可以看作是由许多固体颗粒组成的。速度过程理论[27]表明材料内部时时刻刻都存在颗粒之间的断裂（bond breaking）和重新组合（bond recombining）作用。没有外部荷载时，结构内部断裂和重新组合作用互相平衡。有外荷载施加在试件上时，断裂作用占主导地位，因此结构的强度会逐渐降低。考虑养护龄期作用（水化程度）的混凝土强度随荷载持续时间增加而衰减。试验研究表明，当外荷载持续时间达 1000 min 时，强度降低了 20%左右[28]。此外，强度衰减与养护龄期也有关，养护 1 天的混凝土试件持续加载 1000 min 时，强度降低了 20%，养护 90 天的试件则降低了 25%。导致强度衰减程度不同的主要原因是水泥浆的持续水化作用。

Barpi 等[29]研究了预制裂缝的试件在往复加、卸载下的力学性能,试验设定重加载应力水平为卸载应力水平的 80%~90%,然后保持不变持续加载至试件破坏,持续加载应力水平约为试件强度的 50%,说明持续加载下混凝土试件的强度仅有其快速加载强度的 50%。徐变试验结果表明,当加载水平大于 0.50 时,混凝土的变形呈非线性增加。表明混凝土的徐变强度为快速加载强度的 50%左右。

高应力往复荷载作用下混凝土的损伤是"时间效应"和"往复效应"二者共同作用的结果。Awad[30]通过研究混凝土在持续荷载和高应力往复荷载下混凝土的力学特性表明,当应力水平低于某一临界值时,混凝土不会产生损伤。往复损伤是加载应力水平和应力幅值的函数,而"时间效应"损伤是加载应力水平和持续时间的函数。持续时间是指超过临界值的荷载作用时间,超过临界荷载的荷载称为有效荷载。由于试验条件的差异,对于临界应力比的确定,目前还没有定论。Dyduch 等[31]建议采用的临界应力值为 0.60,Awad[30]给出的临界应力为 0.70,Zhang 等[32]认为当应力比为 0.75 时,应当考虑持续加载作用。对混凝土损伤作用;一些学者将 2 000 000 作为临界破坏循环次数,在某一应力水平下循环至 2 000 000 次仍未破坏将认为试件在此应力水平下不会破坏。Saito[33]通过轻质混凝土轴拉往复试验得到临界应力值为 0.754,Saito 和 Imai [34]得到的临界应力值为 0.728,轻质混凝土的往复压缩试验结果表明临界应力值相对轴拉试验小得多,Gray 等[35]得到的临界值为 0.562~0.574,Hamada 和 Naruoka[36]获得的临界值为 0.586。本书研究高应力往复荷载下混凝土内部损伤演化过程,应力比均大于以上研究者所给出的临界应力水平,因此,混凝土损伤是"往复效应"和"时间效应"共同引起的,当加载频率不同时,有效应力的持续时间也不同,因此,有必要研究加载频率对混凝土往复轴拉破坏的影响。

1.2.1.4 应力水平

弯拉循环试验结果对道路混凝土设计具有指导意义。图 1-5 表示弯拉往复加载次数与应力水平之间的关系。横坐标表示平均应力水平与静态强度之比,纵坐标表示最大应力水平与静态强度之比,图中直线表示循环次数等值线,循环次数在 10^2~2×10^6 范围内。循环次数达到 2×10^6 时停止试验,认为已经达到疲劳极限,试件不会破坏。研究结果表明,循环加载应力水平对混凝土的剩余强度和循环破坏次数有很大的影响。例如,当平均应力比为 0.25,最大应力为 0.5 时,试件不会破坏。

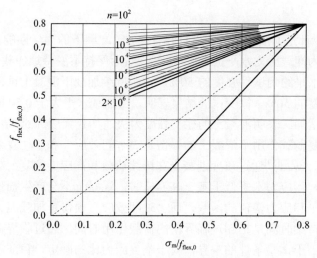

图 1-5　混凝土弯拉强度试验结果

　　混凝土轴拉循环和拉压往复试验结果表明最大应力水平（S）与循环寿命（N_f）呈对数线性关系，直线斜率与最小应力水平有关。当最小应力水平为压应力时，S-N_f 曲线斜率比在拉伸范围内曲线斜率大[37]。Tepfers[38]把疲劳极限延长至 10^{10}。试验结果表明应力比（最小应力水平与最大应力水平之比）越小，S-N_f 曲线斜率越大，与 Cornelissen[39]的结论一致。

　　轻质混凝土和普通混凝土的轴拉疲劳试验研究结果表明，轻质混凝土疲劳强度优于普通混凝土[33]，循环次数达到 2×10^6 时对应的轻质混凝土的应力水平为 0.754，而普通混凝土为 0.728。还可以用同一应力水平下两种混凝土对应的循环破坏次数表示，例如，当应力水平为 0.75 时，轻质混凝土的破坏次数为 2.391×10^6，普通混凝土的破坏次数为 0.575×10^6。

　　研究循环加载对混凝土强度的影响还可以用加载若干循环之后的剩余强度表示[40]。应力水平分别为 0.75、0.80 和 0.85，循环加载 n 次之后混凝土试件的剩余强度为[41]

$$\sigma_r(n) = \sigma_0 - \left(\frac{n}{b}\right)^c \qquad (1\text{-}1)$$

式中，σ_0 表示混凝土的静态轴拉强度；b, c 为经验参数。应力水平为 0.85 时，循环加载 1000 次之后的剩余强度为静态轴拉强度的 97%，加载 2000 次后剩余强度为静态轴拉强度的 93%。

1.2.1.5　加载速率

　　混凝土材料具有明显的应变率效应，因此，加载速率也是影响循环加载作用下混凝土力学性能的主要因素之一。在抗拉强度方面表现为抗拉强度随应变率的增大而增大，且应变率存在某一临界值，当应变率高于这个临界值时，抗拉强度随应变率的增大而明显增大。已有抗拉强度随应变率变化的结果如图 1-6 所示。

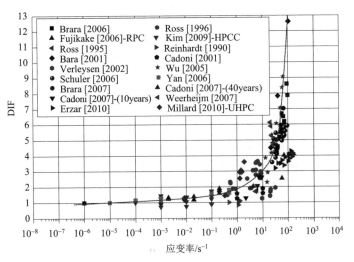

图 1-6　应变率对混凝土抗拉强度的影响
图片来源：文献[42]

　　Graf 和 Brenner[43]最早研究了频率对混凝土往复力学性能的影响，混凝土压缩往复试验研究表明，频率在 4.5~7.5 Hz 范围时加载频率对疲劳寿命影响甚微，当频率低于 0.16 Hz 时，疲劳寿命会随之减小。Murdock[44]关于频率对混凝土轴拉疲劳寿命的试验研究表明，当频率在 1~15 Hz 之间，且加载水平小于 0.75 时，频率对混凝土的疲劳寿命几乎没有影响，当加载水平大于 0.75 时，频率对混凝土的疲劳寿命影响较大。Medeiros 等[45]分别研究了加载频率对素混凝土和纤维增强混凝土压缩疲劳力学特性的影响。研究结果表明，频率对素混凝土的疲劳力学特性具有较大的影响，当频率为 0.0625 Hz 时，循环加载次数较频率为 4 Hz 时的破坏次数降低一个数量级。对纤维增强混凝土而言，由于其中的纤维会阻碍裂缝的扩展，频率对其往复压缩力学性能的影响较小。在频率对疲劳寿命的影响机理方面，Aramoon[46]认为频率对疲劳寿命的影响可以归因于混凝土的徐变，频率较低时，结构承受荷载时间相应延长，这个过程会导致混凝土产生较大的徐变。在这种情况下，徐变占主导地位，导致疲劳强度随加载速率的降低而减小。在混凝土疲劳试验中，通常是在确定材料静态强度 f_{static} 之后，根据试验方案设定的加载应力比 S 来确定加载水平 $f_{max} = S \cdot f_{static}$。然而，混凝土作为一种率敏感性材料，当加载频率增大时，加载应力率也随之提高，混凝土的强度也相应增大[45]。Medeiros 等[45]认为用静态强度确定的应力水平在加载应力率高于静态加载率时偏小，所以疲劳寿命相应增大。

1.2.2　混凝土材料的理论本构模型

混凝土材料本构模型常分为理论本构模型和经验或半经验本构模型。理论模型主要分为以下几类：弹性本构模型[47]、弹塑性本构模型[48-50]、内蕴时间本构模型[51]、断裂力学本构模型[52-54]、损伤本构模型[55,56]以及各种模型组合而成的本构模型[57-60]等。

弹性本构模型是最简单的本构模型，其特点是除去外力时变形也恢复到初始状态，变形可逆，不产生能量耗散。弹性模型形式简单，在早期解决工程问题中起到了重要的作用。但是弹性模型最大的缺点是不能考虑加载过程中的不可逆变形，不能处理卸载以及循环加载的情况。

塑性理论是在解决金属类晶体延性材料问题方面提出的以屈服函数为基础的理论。在各国学者不懈的努力下塑性理论已经发展成为一套完整的理论体系，具有严格的数学表达形式，经过修正后可以广泛适用于岩土及混凝土这类准脆性材料。但是塑性理论用于混凝土也存在一个很大的问题，就是不能很好地处理峰值应力后的软化问题。

内蕴时间理论是一种基于不可逆热力学理论框架的材料本构理论，理论基础深厚，摆脱了屈服面的约束。

断裂力学基本理论是基于脆性材料假定建立的 Griffith 断裂准则，并根据裂缝尖端应力和位移确定该裂缝是继续扩展还是闭合。1961 年 Kaplan[61]首先将断裂力学引入混凝土中，其主要研究带裂缝的混凝土的强度和裂缝的传播规律，包括宏观裂缝的形成、扩展、失稳开裂、传播以及止裂等。

损伤力学理论开始于 1958 年 Kachanov[62]提出的"连续损伤因子"的概念，最早用于描述金属的蠕变断裂。在混凝土的损伤研究中，已有大量学者提出了各种损伤本构模型，但是由于适用条件的特殊性以及所建立模型的复杂性，很少有一种能够有明确的物理意义、简单的表达、便于工程师接受的一般损伤本构关系式。

1.2.3　往复荷载下混凝土半经验本构模型

除上述理论模型之外，也有许多学者在大量试验数据的基础上构建了半经验本构模型[9,11,14,18-20,63-80]。对于循环往复加载的情况，混凝土内部裂纹扩展演化过程极其复杂，不仅涉及刚度的衰减，还伴随塑性变形的累积，基于严格的理论构建本构模型的难度大。

Sinha 等[9]，Karsan 和 Jirsa[14]以及 Desayi 等[63]最先开始对混凝土在循环轴压荷载下的应力-应变响应进行研究并提出了经验本构模型。以下将对循环荷载下混凝土的本构模型进行简单总结和评述。

混凝土在循环荷载下半经验本构模型研究的主要内容包括以下四点：单调加载试验的应力-应变曲线与循环加载试验的包络线之间的关系，卸载和重加载曲线，混凝土塑性应变和循环荷载造成的混凝土损伤。

1.2.3.1 包络线

Sinha 等[9]研究了普通混凝土在循环压缩荷载下的应力-应变响应，重点研究了以下两点：不同加载路径下加、卸载曲线的形状以及将其置于单一曲线集合的可能性；单调加载曲线和循环荷载下混凝土包络线的比较。Karsan 和 Jirsa[14]进行了与 Sinha 等[9]相似的研究，建立了循环荷载下普通混凝土应力-应变关系曲线模型。Zhang 等[64]研究了三种不同加载路径：单调加载、等应变增幅循环加载以及等应变幅循环加载下混凝土的应力-应变响应。根据目前发表的研究成果[14,63,66]，包络线可定义为对混凝土施加单调荷载（与循环荷载加载过程一致）直至破坏时得到的应力-应变全曲线。

1.2.3.2 塑性应变

许多研究者[14,64,67,68]提出，塑性应变是卸载应变的函数。Darwin 和 Pecknold[67]建立了包络线上卸载应变（ε_{un}）和塑性应变（ε_{pl}）之间的经验方程。Zhang 等[64]在 1984 年提出了关于塑性应变（ε_{pl}）的幂函数方程。Mander 等[69]为了建立卸载曲线，基于卸载点坐标（ε_{un}, σ_{un}）来定义塑性应变（ε_{pl}）。他们提出一个特殊应变（ε_a），该应变定义为包络线原点切线与塑性卸载曲线割线交点的横坐标，塑性应变（ε_{pl}）与（ε_a）的值有关。

Sakai 和 Kawashima[70]认为，塑性应变大小与循环加载的次数有关，他们从另一个角度定义塑性应变。定义在第 n 次循环之后的塑性应变为 $\varepsilon_{pl,n}$。对于从同一个卸载点开始的两个连续的循环加载，存在两个不同的对应的塑性应变（$\varepsilon_{pl,n-1}$ 和 $\varepsilon_{pl,n}$）。为了将塑性应变和卸载应变（ε_{un}）联系起来，他们提出了塑性应变增长率（γ_n）的概念。

大多数研究者[10,18,71,72]仅根据卸载应变来定义塑性应变。其他研究者[20,76]除了使用卸载应变外，还运用了卸载应力或者循环次数来定义塑性应变。如果塑性应变仅与卸载应变有关，则从相同的卸载应变开始进行次数不等的循环时，塑性应变依然相同，这显然与实际情况不符。因此，与卸载应变和卸载应力/循环次数相关的塑性应变模型比仅与卸载应变相关的塑性应变模型更符合实际情况。因此，塑性应变与下列参数相关：卸载应力和卸载应变以及循环次数。

1.2.3.3　完全卸载曲线

完全卸载曲线的形状可以通过其凹凸形状和曲率来表征。描述卸载曲线的数学表达式主要包括：抛物线型[9,14,70]、直线型[19,71,72]、双线型[73,74]、三线型[10,67]、幂函数[18,20,64]、线性和抛物线组合函数[76]、线性和幂组合函数[11]。下面将详细介绍不同种类的模型。

1）抛物线型函数

Sinha 等[9]将卸载曲线定义为当应变从混凝土的弹性极限以上开始下降后的曲线。通过调整卸载点处的应变可以得到一系列卸载曲线。结果发现，这一系列曲线可以通过曲线集合公式来表示。然而，Sinha 等[9]并没有对已知点（ε, σ）进行明确定义，已知点为卸载点或者是塑性应变点。通过计算得到的卸载曲线与试验值吻合较好。与 Sinha 等[9]相似，Karsan 和 Jirsa[14]也选用了一种二次抛物线来表示卸载曲线。他们的研究结果显示卸载曲线的形状是塑性应变的函数。包络线上卸载点（ε_{un}, σ_{un}）、交点（ε_{cp}, σ_{cp}）和塑性应变点（ε_{pl}, 0）决定了卸载曲线的二次抛物线形式。

Sakai 和 Kawashima[70]采用了一种新的方法来确定卸载曲线，首先得到了标准化的应力 $\bar{\sigma}_1$ 和应变 $\bar{\varepsilon}_1$。Watanabe 和 Muguruma[76]使用抛物线函数和线性函数相结合来描述卸载曲线。假设卸载曲线和加载曲线在一点相交，卸载曲线在到达交点之前是一条直线，之后为抛物线。

2）直线型函数

Foster 和 Marti[71]用一条直线来描述卸载曲线，认为卸载阶段的塑性应变位于卸载应变一半的位置。Sima 等[19]、Aslani 和 Jowkarmeimandi[72]都根据卸载点总应变和塑性应变使用直线来描述卸载曲线。

3）双线型函数

Park 等[73]为了研究循环荷载下混凝土力学特性作了部分假定，卸载开始时，假设应力降低至 75%的过程中，应变不发生变化；之后卸载路径变为斜率为 $0.25E_c$ 的直线，E_c 为混凝土的切线模量。值得指出的是，假定回路的平均斜率平行于应力-应变曲线的初始切线模量。

4）三线型函数

Darwin 和 Pecknold[67]认为循环荷载下混凝土力学特性模型应该能反映其强度衰减、刚度退化和滞回效应等特性。基于 Karsan 和 Jirsa[14]的单轴循环试验结果，Darwin 和 Pecknold[67]构建了相应的模型，直线也可用于模拟滞回圈。Karsan 和 Jirsa[14]的研究发现滞回圈的尺寸和形状是由多个因素决定的。轴向应变较高时，Darwin 和 Pecknold[67]用三条直线来模拟卸载应变：第一条斜率为 E_0，第二条平行于重加载线，第三条斜率为 0。卸载曲线最初沿斜率为 E_0 的直线移动，斜率 E_0 介于卸载线和加载线斜率之间。然而在 Darwin 和 Pecknold[67]的模型中，并没有对卸载曲线和加载曲线的斜率进行详细分析。

Yankelevsky 和 Reinhardt[10]提出了另一种形式的三线型卸载曲线模型。他们引入单轴应力-应变曲线中的几个几何点来确定卸载和重加载曲线。随着卸载过程的不断进行，卸载曲线的斜率也在逐渐减小。该方法定义了一种无量纲的单轴应力-应变坐标系，在这个坐标系中，包络线的峰值点坐标为（1,1）。

5）幂函数

Zhang 等[64]使用塑性应变来确定卸载曲线。Palermo 和 Vecchio[18]，Breccolotti 等[20]也采用幂函数的形式来描述卸载曲线。Otter 和 Naaman[11]提出了一个类似的幂函数，并结合线性函数组成了一个普通的多项式模型来模拟卸载曲线。

混凝土卸载曲线的表达方式有简单的公式，也有复杂的公式。少数研究者发现循环试验的卸载曲线的形状与单调荷载下的上升段相似。确定卸载曲线的参数可以总结为以下几个：卸载点、卸载曲线和重加载曲线的交点、重加载点或塑性应变和每次循环的损伤累积。

1.2.3.4　单调荷载曲线上升段的改进形式

Desayi 等[63]和 Mander 等[69]提出了一种不同的方法来确定循环荷载下应力-应变曲线的表达式。观察试验结果发现，卸载曲线和单调曲线上升段具有相似性。Desayi 等[63]基于归一化的应力 S 及应变 U 将卸载曲线绘制成 S-U 的形式后发现，一般情况下的卸载 S-U 曲线与单调荷载曲线的上升段十分相似。卸载曲线的初始斜率、塑性应变和卸载曲线的中点可以用来确定卸载曲线。

Mander 等[69]使用了类似于 Desayi 等[63]的方法确定卸载曲线，基于塑性应变的累积对单调荷载下应力-应变曲线的上升段进行了改进。

1.2.3.5　循环损伤

当混凝土从点（ε_{un}, σ_{un}）卸载后重加载时，可以发现卸载点的总应变对应的重加载曲线上的应力值总是小于卸载曲线上的应力值，这种应力衰减现象可以看作循环荷载作用下的损伤。Mander 等[69]使用卸载应力 σ_{un} 和重加载应力 σ_{ro} 来计算混凝土的损伤：

$$\sigma_{new} = 0.92\sigma_{un} + 0.08\sigma_{ro} \qquad (1-2)$$

式中，σ_{new} 为重加载末端在卸载点应变处达到的新的应力水平。

Sakai 和 Kawashima[70]为了评估在卸载和重加载之后材料的应力衰减，定义了应力衰减比 $\beta_n = \sigma_{new}/\sigma_{un}$，应力衰减比 β_n 受循环次数 n 和卸载应变 ε_{un} 的影响。研究结果表明，每次加卸载循环造成的损伤可以看作卸载应力和重加载应力的函数[20]

或者是卸载应变和循环次数的函数[70]。

1.2.3.6　完全重加载曲线

重加载曲线的形状比卸载曲线的形状更复杂。现有的模型有直线[9-11,67,74,77]、双线[10,73]、抛物线[14,63]、直线和抛物线组合函数[69,70,76]、幂函数[64]等。下面对每种类型的模型进行详细介绍。

1）直线

Sinha 等[9]认为卸载后，如果应变增加，那么应力-应变坐标系中会出现另一条曲线，称为重加载曲线。重加载曲线与卸载曲线不重合。卸载路径的差异会导致一系列不同的重加载曲线。Sinha 等[9]将这一系列重加载曲线表示成一个数学合集，称为重加载曲线的合集。通过与试验值比较，Sinha 等[9]发现该表达式可以很好地模拟试验值。

Darwin 和 Pecknold[67]以及 Yankelevsky 和 Reinhardt[10]用一条经过塑性应变点（ε_{pl}, 0）和交点的直线来模拟重加载曲线。Elmorsi 等[74]采用了同样的方法，但是他们将塑性应变点替换为一般的重加载点（ε_{ro}, σ_{ro}）。模型中，交点（ε_{cp}, σ_{cp}）为初始卸载曲线和重加载曲线的交点，σ_{cp} 取 $0.7\sigma_{un}$。上述研究中，使用重加载点或塑性应变点与交点来确定重加载曲线。

与 Darwin 和 Pecknold[67]、Yankelevsky 和 Reinhardt[10]和 Elmorsi 等[74]不同，Otter 和 Naaman[11]使用完全重加载点的坐标来确定重加载曲线。由于线性表达式与混凝土的真实特性十分相似并且函数连续，Otter 和 Naaman[11]选择了线性表达式来表示重加载曲线，并定义完全重加载点为卸载应变的函数。

此外，Palermo 和 Vecchio[18]、Sima 等[19]、Aslani 和 Jowkarmeimandi[72]、Breccolotti 等[20]也采用了描述刚度衰减特性的线性函数形式来描述重加载曲线。

2）抛物线函数

Karsan 和 Jirsa[14]将重加载曲线定义为二次抛物线函数，使用重加载点（ε_{pl}, 0）、交点（ε_{cp}, σ_{cp}）以及重加载曲线位于包络线上的点（ε_{re}, σ_{re}）来确定函数。

Desayi 等[63]使用应力比和应变比来表示重加载曲线。重加载曲线从之前卸载曲线的塑性应变点开始，交于卸载曲线，最后延伸到包络线上。重加载的 S-U 曲线通过二次抛物线函数来表示。

3）直线和抛物线的组合

Mander 等[69]提出重加载点的坐标（ε_{ro}, σ_{ro}）可以从卸载曲线得到。假设重加载应变和卸载应变之间为线性关系，可以反映循环作用引起的应力衰减。

Sakai 和 Kawashima[70]定义重加载曲线上指定应变对应的轴向应力。Watanabe 和 Muguruma[76]使用直线和抛物线的组合公式来模拟重加载曲线。假设重加载曲线在某点之前为直线，经过这一点之后，曲线为抛物线，直至与包络线相交。

4）幂函数

Zhang 等[64]定义应力为 0 的点（ε_{pl}, 0）到包络线上点（ε_{re}, σ_{re}）之间为重加载曲线。ε_{re} 和 ε_{pl} 之间的关系为

$$X_{re} = L X_p^M \qquad\qquad (1\text{-}3)$$

式中，L 和 M 为材料参数。

因此，重加载曲线可以表示成如下形式：

$$\frac{\sigma_1}{\sigma_{re}} = \left(\frac{\varepsilon_1 - \varepsilon_{pl}}{\varepsilon_{re} - \varepsilon_{pl}} \right)^{1.2} \qquad\qquad (1\text{-}4)$$

式中，（ε_1, σ_1）为重加载曲线中的任一点。

5）交点

从 Sinha 等[9]的试验结果可以发现，循环荷载下混凝土应力-应变曲线中存在一系列卸载曲线和重加载曲线的交点。位于交点之上的应力会导致额外的应变，然而交点之下的应变会导致加卸载过程中的应力-应变环。Karsan 和 Jirsa[14]通过对棱柱体试件进行试验研究验证了该理论。Darwin 和 Pecknold[67]提出的模型中，这一系列的点被简化成一条线，称作交点中心。循环至破坏的次数是由交点相对包络线的位置控制的。交点中心越低，在包络线上达到同样应力水平时所需要的循环次数越少。在 Watanabe 和 Muguruma[76]提出的循环荷载下的滞回模型中，通过将应力-应变曲线缩小 0.9 倍来定义交点曲线。

Darwin 和 Pecknold[67]提出循环荷载作用下材料的能量耗散由转折点位置控制。转折点越低，每次循环时的能量耗散越高。在低应变时，模型计算的能量耗散较实际的少；在高应变时，模型计算的耗散能较实际多，这是许多滞回模型中常见的缺陷。

根据已经提出的重加载曲线模型，需要以下几个参数确定重加载曲线：塑性应变、重加载点、完全重加载点（重加载曲线位于包络线上的点）、卸载点和交点。

1.2.3.7　部分卸载和重加载

Otter 和 Naaman[11]讨论了考虑部分卸载和重加载的任意加载路径下混凝土的响应。部分卸载和重加载的路径下，如何确定部分卸载后重加载点的位置是十分重要的。

部分卸载再完全重加载下真实的重加载应变是卸载总应变的函数，因此，他们提出了一个真实卸载应变的差值函数。在不完全卸载的情况下，如果它完全重加载和卸载，新的包络线上卸载点根据下式计算：

$$\varepsilon_{unew} = \varepsilon_{uold} + (\varepsilon_{re} - \varepsilon_{uold})\left(\frac{\sigma_{hi} - \sigma_{ro}}{\sigma_{re} - \sigma_{ro}}\right)^{n_{pu}} \qquad (1\text{-}5)$$

式中，ε_{uold} 和 ε_{unew} 分别为包络线上卸载应变 ε_{un} 的新值和旧值；（ε_{re}，σ_{re}）为完全重加载时，包络线上的完全重加载点的坐标；σ_{hi} 为重加载阶段应力水平能达到的最大值；σ_{ro} 为重加载开始的应力。n_{pu} 为部分重加载系数。

1.2.4 往复荷载下混凝土的力学特性

为了研究混凝土结构在循环荷载作用下的损伤演化过程及破坏机理，从 20 世纪 60 年代起，学者们逐渐开展了实验室循环荷载作用下混凝土的力学性能试验研究，为解决工程实际问题提供了理论依据。主要研究了应力水平（施加荷载与静态峰值荷载之比 S）、加载频率（f）、加载应力比（最小荷载与最大荷载之比 R）、材料参数等对混凝土结构的残余力学性能的影响。

1.2.4.1 疲劳强度与破坏次数

常幅荷载作用下混凝土的循环破坏次数是研究复杂循环加载工况下混凝土疲劳特性的基础，因此得到广泛关注[31,81]。由于混凝土拉伸试验方法不同，现有文献中试验结果不一致。Committee C33 开展了大量的混凝土的拉伸往复力学特性试验研究[39]。THD（the Steven Laboratory of the Delft University of Technology）和 RUG（the Magnel Laboratory of the State University of Ghent）研究了往复拉伸和拉伸-压缩对混凝土疲劳性能的影响，其中 THD 主要研究混凝土轴拉往复力学特性，RUG 主要研究混凝土弯拉往复力学特性。循环荷载是荷载不断重复的过程，可以用一个平均荷载（$\sigma_{mean}=(\sigma_{max}+\sigma_{min})/2$）与一个幅值荷载（$\sigma_{amp}=(\sigma_{max}-\sigma_{min})/2$）表示。

混凝土在循环荷载作用下的力学响应可以用应力-应变曲线表示。材料的劣化过程是其力学性能的衰减过程，尤其是刚度的衰减和残余变形的累积。在循环荷载作用下，混凝土的应力-应变曲线表现出滞回特性[82,83]。包络线可以用来预测循环荷载作用下混凝土的破坏，当混凝土在循环荷载作用下的应力-应变响应与静态应力-应变曲线重合时，试件发生破坏[84]。因此，试件的循环寿命取决于加载应力水平（平均荷载 σ_{mean} 与幅值荷载 σ_{amp}）。当最大应力水平固定时，每个循环应变累积随最小应力水平的增大而减小，因此，循环寿命增大。相反，当应力幅值确定时，应力-应变响应与包络线重合时的加载循环次数更少。

循环破坏次数（N_f）与加载应力水平（S）之间的关系可以用经典的 Wöhler 曲线（S-N_f）表示。根据循环荷载下混凝土材料的破坏次数，可以将循环试验分为三种情况：低周循环（$N_f \leqslant 10^3$）、高周循环（$10^3 \leqslant N_f \leqslant 10^7$）和超高周循环（$N_f \geqslant 10^7$）试验。当循环寿命在第二阶段高周循环范围内（$10^3 \leqslant N_f \leqslant 10^7$）时，应力水平 S

与循环寿命的对数 $\lg N_f$ 之间近似呈线性关系。

混凝土材料强度本身的离散性导致疲劳试验的结果离散性较大，用循环寿命平均值作为某一应力水平下材料的寿命不够准确，必须引入破坏概率探讨循环寿命与应力水平之间的关系。目前普遍接受的观点认为混凝土循环寿命分布服从高斯分布[33,85]。对轻质混凝土的轴拉疲劳性能研究表明，混凝土的轴拉循环寿命服从对数正态分布。而 Saucedo 等[86]基于混凝土强度本身的离散分布研究了普通混凝土和钢纤维混凝土的抗压循环寿命分布，结果表明两参数的 Weibull 分布能够准确描述其循环寿命的分布，从而建立了基于概率分布的循环寿命预测模型。Oh[87]利用 Weibull 分布研究了循环弯拉寿命的概率分布，研究表明分布参数受加载应力水平的影响。

研究表明低周疲劳与高周疲劳试验过程中混凝土的损伤演化有本质区别[30,88–90]。低周疲劳过程中，混凝土的力学性能劣化主要是由高应力作用而非"往复"作用引起的，相反，在高周疲劳试验中，"往复"作用占主导地位。当应力水平低于某一临界值时，认为混凝土可以承受无限循环次往复加载。

1.2.4.2 应变与弹性模量

循环加载过程中裂纹的扩展通常表现为混凝土材料的弹性模量降低和不可逆变形的累积[91]。图 1-7（a）表示混凝土在循环压缩荷载下的应力-应变响应，图 1-7（b）表示与之对应的残余应变及弹性模量随加载循环比的变化过程。从图中可以看出，变形的累积过程呈三阶段，与前面介绍的裂纹扩展过程一致。由于第二阶段应变累积速率相对稳定，因此，有许多学者尝试通过第二阶段的应变累积速率 $\mathrm{d}\varepsilon_{max}/\mathrm{d}n$ 预测混凝土的循环寿命[45,92,93]。研究发现，第二阶段应变率 $\mathrm{d}\varepsilon_{max}/\mathrm{d}n$ 与循环寿命之间确实存在很大的相关性。Cornelissen[39]最早通过混凝土轴拉循环试验建立了第二阶段应变与循环寿命之间的对数线性关系。Medeiros 等[45]通过研究不同加载频率下普通混凝土和钢纤维混凝土的循环寿命，建立了应变率与循环寿命之间的关系，研究表明二者之间的关系受加载频率的影响。应变率与循环寿命之间的关系可以作为预测混凝土的疲劳寿命的一种方法。

应变随循环次数的累积表示不可逆变形的增长。最大应变和最小应变之间的差值逐渐增大，表示随循环次数的增加弹性模量逐渐减小。因此，循环加载过程中混凝土的本构关系可以用式（1-6）表示：

$$\sigma = E_D(\varepsilon - \varepsilon_D) \tag{1-6}$$

式中，$E_D=(\sigma_{max}-\sigma_{min})/(\varepsilon_{max}-\varepsilon_{min})$，表示混凝土的弹性模量；$\varepsilon_D=(\sigma_{max}\varepsilon_{min}-\sigma_{min}\varepsilon_{max})/(\sigma_{max}-\sigma_{min})$，表示加载过程中最大不可逆应变。

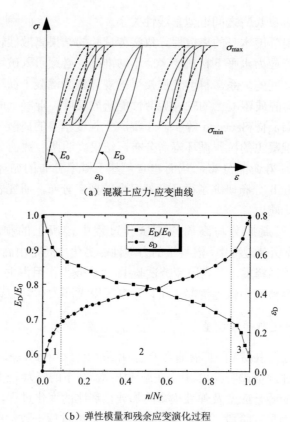

（a）混凝土应力-应变曲线

（b）弹性模量和残余应变演化过程

图 1-7　循环荷载作用下混凝土应力-应变响应及相应的弹性模量和残余应变演化过程

从图 1-7（b）中可以看出弹性模量衰减和应变累积曲线与 S 形曲线相似。试验研究表明试件破坏时弹性模量衰减程度为固定值，但是不同学者对此数值得出结论并不一致[94-96]。根据连续损伤力学理论，由于材料细观结构（如微裂纹、微孔隙等）引起的材料或结构的劣化过程，称为损伤。损伤的演化直接导致材料宏观力学性能的劣化[97]。因此，通过定义适当的损伤变量来表达材料微观缺陷导致的宏观力学性能衰减程度成为学术与工程界普遍认可的方法。

1.2.5　混凝土疲劳损伤机理

混凝土在循环荷载作用下的疲劳破坏是骨料裂纹、水泥砂浆裂纹和骨料与砂浆之间裂纹扩展的结果。正是由于裂纹的不断扩展，才导致材料在疲劳过程中损伤的不断积累，刚度和强度不断劣化，直至破坏。通过显微技术对混凝土静力受拉和疲劳受拉下裂纹发展的细观分析发现，混凝土疲劳破坏是骨料裂纹（1 型裂纹）、水泥砂浆裂纹（2 型裂纹）和骨料与砂浆之间裂纹（3 型裂纹）扩展的结果[98]。裂纹扩展过程是：3 型裂纹随循环荷载的增加而线性增加，当裂纹扩展到达某一临界水平时，从 3 型裂纹尖端形成 2 型裂纹，并迅速增长，混凝土很快失去承载力，最终导致疲劳破坏。在整个裂纹发展过程中，3 型裂纹扩展所占的比例很大，约为总裂纹长度的 95%以上。根据不可逆热力学基本定理，在疲劳过程中材料内部的损伤是不可逆的，因此，小于材料极限强度的荷载不断重复施加在混凝土结构上会导致材料的破坏。

另外，混凝土材料的疲劳破坏也可以认为是能量转化和耗散的过程。材料承受荷载后内部积蓄的变形能若不能及时地转化为热能而散失，最终只能通过产生裂纹和破坏而转化为表面能或其他形式的能量耗散。在疲劳过程中，由于荷载的加、卸载速率较高，其荷载做功所积蓄的能量集中消耗于少数吸能和耗能水平较高的几条混凝土原生裂纹上。随着循环次数的增加，能量反复聚集，这些少数微裂纹持续扩展，并逐渐演变为对最终破坏起决定作用的主要裂纹。随着外荷载持续作用的增加，外力功将主要以被内部主裂纹吸收并供其扩展的方式转化为表面能而释放出来。当释放出来的能量超过裂纹持续扩展所需要的能量时，内部疲劳裂纹的扩展行为表现为内部主裂纹的稳定扩展。当内部疲劳裂纹的扩展行为诱发表面可视裂纹时，就会出现表面宏观裂纹，此时，材料很快就会完全破坏。

混凝土疲劳裂缝是导致材料内部不可逆损伤累积的根本原因。通过对其内部损伤的量化可以预测材料强度与刚度的衰减及其内部损伤的演化过程。内部裂纹的扩展可以通过测量声发射信号表示[18,20]。对整个循环加载过程中测得的声发射信号归一化，得到无量纲损伤指数 w，$0<w<1$，初始状态时，$w=0$，当混凝土材料完全破坏时，$w=1$。损伤指数 w 随循环加载次数的增加呈三阶段变化过程。第一阶段，混凝土力学性能（刚度或强度）快速衰减，这一阶段占整个循环加载过程的 5%~10%。第二阶段混凝土力学性能随循环加载的衰减逐渐趋于稳定，这一过程占整个循环加载过程的 80%~90%。第三阶段表示在疲劳荷载作用下材料力学性能加速劣化，这一阶段非常短暂，占整个过程的 5%~10%。

为了定量分析疲劳荷载作用下材料力学性能的衰减，通常可以用以下几种物理参数的变化来表示：能量的耗散[99]、混凝土内部声速的衰减[20]、体积应变[100]、轴向变形的增加[101]或刚度的衰减[102]。能量的耗散是由微裂纹的扩展导致的，变形的增加和刚度的衰减是材料力学性能的劣化。

1.2.6 往复荷载下混凝土的损伤理论

1.2.6.1 线性损伤理论

材料的疲劳损伤累积规律，从宏观到微观进行了多年的研究，提出了多种损伤累积假设，其中最简单适用的是 Palmgren-Miner 准则，亦简称为 Miner 准则[103]。Miner 准则认为，在一个给定的应力水平作用下循环若干次后产生的损伤是循环次数与该应力水平作用下循环寿命的比值，并把该比值称为"循环比"或"损伤比"。如果几个不同的应力水平施加到一个结构上，各应力对应循环比之和就是材料内部产生的损伤之和。根据上述理论，当疲劳荷载包含许多应力幅水平时，总损伤就是这些不同应力的循环比的总和，材料的破坏准则为各应力水平加载循环比总和等于 1，如式（1-7）所示：

$$M = \sum_i \frac{n_i}{N_{fi}} = 1 \qquad (1\text{-}7)$$

式中，n_i 表示在第 i 个应力水平下的加载循环次数；N_{fi} 表示第 i 个应力水平下材料的循环寿命。

Miner 准则服从以下三个假设：①在给定应力水平下的每一次循环产生的损伤是相等的；②累积损伤与加载历史进程无关；③加载顺序不影响材料的疲劳寿命。从以上假设可以看出，Miner 理论简化了疲劳累积损伤的机理。根据不可逆热力学理论，材料在外荷载作用下的累积损伤是一个不可逆的劣化过程，且根据现有的试验研究发现，损伤与加载顺序、材料性质和荷载水平等因素的变化都有关系。

1.2.6.2　非线性损伤理论

试验研究表明，混凝土的疲劳累积损伤呈现出明显的非线性，损伤演化过程必须考虑加载次序的影响，损伤可以表述为公式（1-8）：

$$dD = f(\sigma_{\max}, \sigma_{\text{avg}}, D)dn \qquad (1\text{-}8)$$

损伤累积速率与材料的损伤状态有关，因此，混凝土的疲劳损伤过程必须用非线性函数表示。Hilsdorf [104]最早提出了混凝土在等幅循环荷载下损伤随循环比演化的幂函数模型：

$$D = \left(\frac{n}{N_f}\right)^a \qquad (1\text{-}9)$$

式中，参数 a 是根据不同加载条件下的损伤曲线拟合得到的经验参数，通常与加载应力水平、加载应力比等有关。

幂函数模型形式简单，得到了广泛的应用。非线性模型中除了上述幂函数模型以外，也有学者提出了多项式模型[87]。多项式模型拟合效果好，但是参数较多，参数的确定比较复杂，且随参数的增多，拟合曲线会出现振荡现象。上述非线性损伤模型的建立首先需要确定合适的损伤参数。现有的研究中损伤参数主要是基于应变累积、弹模衰减或耗散能建立的，尚缺少定论，因此参数的确定比较困难。

1.2.6.3 连续损伤理论

与上述基于试验和统计分析的损伤模型相比，应用连续介质损伤力学建立起来的疲劳累积损伤模型是在较为严谨的不可逆热力学和连续介质力学的理论框架之下建立起来的。这类模型具有明确的数学物理概念，突破了根据试验结果建立经验公式的传统方法，具有广阔的研究前景，因此也得到广泛的应用。

损伤变量（D）是材料内部损伤和劣化程度的度量，在直观物理概念上可理解为微裂纹和微孔洞在整个材料中所占体积的百分比。从工程实际应用角度上讲，更注重损伤过程宏观物理、力学性能参量的劣化演变规律，因此常用宏观物理力学量定义 D。如，金属材料常通过测量损伤过程中弹性模量的变化来定义损伤 D，而混凝土等脆性材料常用变形来定义。对于疲劳损伤，还可用剩余循环寿命比来定义。虽然用宏观量来定义损伤 D 都是不够完备的，但还是能够从不同侧面体现损伤演变过程。

根据 Kachanov[62]提出的"连续性因子"的概念，用 ψ 来表示混凝土内部的连续损伤的状态，材料在没有损伤的状态下，$\psi=1$，当材料完全破坏时，$\psi=0$。因此，损伤参数可以根据连续参数 ψ 定义为 $D=1-\psi$。当损伤 $D=0$ 时，表示材料处于初始状态，没有任何损伤；当损伤 $D=1$ 时，表示材料完全失去承载力。损伤的累积可以用材料有效承载面积的减小来表示。连续损伤力学可以利用宏观损伤变量来反映材料的微观损伤，也得到了广泛的应用[105-107]。

1.2.7 混凝土循环破坏次数预测模型

1.2.7.1 等幅荷载下混凝土的循环破坏次数预测模型

1973 年 Aas-Jakobsen 和 Lenschow[108]通过研究混凝土梁的疲劳力学性能提出了著名的 Aas-Jakobsen 模型，此模型被普遍应用于混凝土循环压缩和拉伸荷载下循环破坏次数的预测[38,109]。Aas-Jakobsen 模型表明循环加载次数一定时，加载应力比 R 与加载应力水平 S 之间呈线性关系，如式（1-10）所示：

$$\sigma_{\max} / f_c = 1 - \beta(1-R)\lg N_f \qquad (1\text{-}10)$$

式中，$\sigma_{\max}$、$\sigma_{\min}$ 分别表示循环加载的最大应力水平和最小应力水平；$R=\sigma_{\min}/\sigma_{\max}$ 是加载应力比；f_c 表示混凝土的静态强度；β 是材料常数；N_f 表示循环破坏次数。

Tepfers[38]开展了大量混凝土循环试验，研究了普通混凝土和轻质混凝土在不同加载应力水平和加载频率下的循环寿命，对 Aas-Jakobsen 模型中的材料参数进行修正（$\beta=0.0685$），同时也验证了上述模型的广泛适用性。Tepfers 提出的修正模型能够预测没有反转荷载的轴压和轴拉（$R \geqslant 0$）循环荷载下混凝土的寿命，且加载频率的范围从 0.1~150 Hz。在高应力水平（$S \geqslant 0.80$）范围内，应力水平越大，混凝土表现出越明显的率敏感性，混凝土的破坏次数小于模型预测的循环寿命。

试验研究表明脆性材料循环力学性能还受到加载频率和加载波形的影响[110,111]。对不同加载波形的混凝土循环破坏次数的研究表明，当加载波形为三角波时混凝土的循环破坏次数比正弦波加载条件下大，方波加载条件下循环破坏次数最小[112]，且随着加载水平的增大波形对循环破坏次数的影响越大。频率对循环破坏次数的影响规律通常是随加载频率的增大，循环破坏次数也增大，尤其对高应力水平加载情形下，对于中低应力水平并不明显。因此有学者[32]对 Aas-Jakobsen 模型做出进一步的扩展，通过引入一个修正参数，提出了考虑加载频率的改进 Aas-Jakobsen 模型，如式（1-11）所示：

$$S_{\max} = \sigma_{\max} / f_{\mathrm{c}} = C_{\mathrm{f}} \left[1 - \beta(1-R) \lg N_{\mathrm{f}} \right] \tag{1-11}$$

式中，$C_{\mathrm{f}} = f_{\mathrm{cf}} / f_{\mathrm{c}} = ab^{-\lg f} + c$，$f_{\mathrm{c}}$ 表示混凝土的静态强度，f_{cf} 表示上升段加载速率下材料的强度；f 表示加载频率（Hz）。参数 a，b，c 可以根据不同加载频率下的试验数据得到。引入修正参数 C_{f} 的同时需要对材料参数 β 进行修正，$\beta = 0.0807$。研究表明，在给定 a，b，c 的前提下修正参数随加载频率的增大而增大，说明加载频率对混凝土的循环破坏次数确实有一定的影响。

对于高应力水平往复加载情况下，必须考虑与时间效应相关的参数[30,113]对 Aas-Jakobsen 模型进行改进，第一个改进模型是基于疲劳强度衰减理论，在原模型的基础上乘以一个疲劳强度衰减函数：

$$S_{\max} = \sigma_{\max} / f_{\mathrm{c}} = C_{\mathrm{f}} \left[1 - \beta(1-R) \lg N_{\mathrm{f}} \right] (\varsigma N_{\mathrm{f}} T)^{\gamma_1} \tag{1-12}$$

第二个修正模型是基于刚度衰减理论引入一个表示剩余寿命逐渐减小的系数：

$$S_{\max} = \sigma_{\max} / f_{\mathrm{c}} = C_{\mathrm{f}} \left[1 - \beta(1-R) \lg N_{\mathrm{f}} - \gamma_2 \lg(\varsigma N_{\mathrm{f}} T) \right] \tag{1-13}$$

上述模型中参数的定义详见文献[113]。上述两种形式的模型基本相同，均可以用于往复压缩或拉伸试验研究中。第二个形式的模型还可以直接用于预测往复荷载下混凝土试件的循环破坏次数。

1.2.7.2　变幅荷载下混凝土循环破坏次数预测模型

在实际工程中，地震波通常会引起不同振幅甚至随机变化的循环荷载。为了更准确地反映工程实际问题，研究变幅循环荷载下混凝土的力学性能具有重要的现实意义。为了研究变幅荷载水平下损伤的累积速率，需要确定损伤累积准则和疲劳破坏准则。目前，最常用的损伤累积准则有线性和非线性损伤累积准则。应用最广泛的线性损伤累积准则是 Palmgren-Miner 准则。假设在整个循环加载过程中，有 i 级等幅循环荷载，每一级荷载水平 S_i 循环加载 n_i 次，每一级荷载水平单独加载情况下的循环破坏次数 N_{fi} 可以通过 S-N_f 曲线求得。根据线性损伤理论，每一级等幅荷载下混凝土的损伤可以用循环比表示，$D_i = n_i / N_{fi}$，根据 Palmgren-Miner 线性损伤累积准则，当多级变幅循环荷载下加载循环比之和等于 1 时，试件破坏：

$$\sum_i D_i = \sum_i \frac{n_i}{N_{fi}} = 1 \tag{1-14}$$

根据上述线性损伤累积准则结合 S-N_f 曲线即可实现多级等幅循环荷载下混凝土的循环破坏次数预测。利用线性损伤累积准则时存在一个主要的缺陷是没有考虑加载次序的影响，而非线性损伤累积模型则考虑了加载次序的影响。根据线性损伤累积准则，当试件破坏时，加载循环比之和等于 1。然而，试验结果证明，多级变幅加载工况下，加载循环比之和并不等于 1，而是与加载次序有关。

应力水平从高到低时，损伤累积速率增大；相反，应力水平从低到高时，损伤累积速率减小。这种现象可以通过循环荷载下混凝土的非线性损伤演化模型解释。假设在等幅循环荷载下混凝土的损伤与加载循环次数呈幂函数关系，如式（1-15）所示：

$$D = \left(\frac{n_i}{N_{fi}} \right)^{\alpha} \tag{1-15}$$

模型参数随应力水平的增大而减小，因此，上述函数表示的不同应力水平下的损伤演化曲线可以用一系列形状相似的曲线表示。在多级变幅循环加载工况下，损伤累积可以用式（1-16）表示：

$$D = \sum_i \left(\frac{n_i}{N_{fi}} \right)^{\alpha_i} \tag{1-16}$$

当损伤累积和等于 1 时，试件破坏，因此：

$$\sum_i \left(\frac{n_i}{N_{fi}} \right)^{\alpha_i} = 1 \tag{1-17}$$

综上所述，对多级变幅循环荷载下混凝土循环破坏次数的预测需要考虑加载次序的影响。

1.2.8　混凝土声发射试验研究概况

声发射技术作为一种结构材料性能研究的有力手段，在混凝土领域的应用已具有悠久的历史，试验证明，声发射技术在检测混凝土断裂损伤中相对于扫描电子显微镜技术、超声波技术和机械测量方法更具有优势。以声发射特征参量作为评价混凝土损伤程度的指标，为水工结构的损伤评价提供一种新的方法和手段。声发射技术在工程材料特别是混凝土领域的应用，首先是 Rusch[114]在 1959 年对混凝土受力后的声发射信号进行了研究，并证实在混凝土材料中，"凯塞效应"仅在其极限应力的 70%~85%以下的范围内存在。1970 年，Wells[115]制造了记录混凝土变形状态下所产生的声发射信号的仪器。同年，Green 在发表的成果中指出，声发射技术可以监测混凝土破坏的全过程。Aggelis 等[116]研究了钢纤维混凝土断裂全过程中的声发射特性，指出不同损伤阶段的声发射信号参量有不同的特性。2007年，Schechinger 在四点弯曲梁的试验[117]中利用声发射技术对裂缝进行了精确的三维定位。随着断裂力学及声发射技术的不断发展，在处理结构疲劳问题上取得了伟大成就[118]。2008 年，Raghu Prasad 等[119]通过不同尺寸的素混凝土三点弯曲梁试验对声发射能与混凝土断裂能之间的关系进行了研究，文中指出声发射能与混凝土断裂能都随着尺寸的增加而增加。刘茂军[120]对钢筋混凝土梁受载过程中的声发射进行了比较全面的研究，得出了各声发射参数与梁破坏过程之间的相关关系，从而可以在较低的荷载水平下，准确预测梁的极限承载力。通过改进算法使声发射源定位更加完整、精确、快速[121]。刘红光等[122]提出了基于 Hilbert-Huang 变换的分析混凝土声发射信号的新方法。利用全波形声发射技术记录了预应力混凝土梁在三点弯曲荷载试验下整个破坏过程的声发射信号。声发射技术作为一个正在迅速发展中的无损检测方法，在各个方向都很有发展的潜力，例如通过研究钢筋与混凝土的界面声发射特性来建立黏结界面损伤量与其声发射参数两者的关系[123]，结合分形理论来探讨断裂过程中材料内部结构的演化过程[124]等。研究结果显示，声发射参量能够较好地体现混凝土损伤过程的阶段性特征[125-127]，并指出混凝土声发射活性与混凝土内部缺陷之间具有必然的联系[128,129]，混凝土断裂过程声发射信号之间存在显著的相关性[130,131]，声发射特征参数可以对混凝土的损伤程度进行评估[132,133]。

目前，由于声发射检测结果受环境条件、采集设备、传感器类型、参数设置等多种因素的影响，且声发射技术在混凝土试验研究中的应用仍然处于定性的研究阶段。另外，由于声发射信号本身参数较多，如何正确地选择其中一个或多个参数来与混凝土断裂中的参数建立耦合关系，进而建立判别准则等科学问题均需要进行深入研究。

1.3　问题的提出

混凝土静态受压应力-应变全曲线试验容易实现，而受拉应力-应变全曲线试验难度很大，因此，轴拉试验相对压缩试验研究较少。学者们期望获得直接拉伸试验成果，这需要完善试验方法并提高成功率。循环拉伸加载条件下混凝土应力-应变全曲线试验研究难度较大，试验成果很少。从现有的资料来看尚有值得商榷的地方，如软化段的应变率是否与上升段一致，文献中并未说明。这些试验成果初步说明：加载路径影响混凝土的往复力学性能及损伤演化规律，应变速率对混凝土的变形特性会产生重要影响。

当受到力学加载时，混凝土内部的损伤是不可逆的，因此混凝土力学特性很大程度上受到应力历史的影响。在建筑物的实际服役过程中，预荷载的存在会降低混凝土的力学承载能力，包括在地震发生时，疲劳往复作用后的混凝土抗压、抗拉承载能力均会小于初始值。目前，关于初始荷载作用后混凝土的抗拉承载力的研究十分少见。

过去几十年来，研究者们对混凝土在循环往复荷载下的本构关系进行了大量研究，提出了相应的本构模型。本构模型按构建方法主要分为两类：半经验模型及理论模型。对半经验模型来说，研究主要内容有以下四点：①单调应力-应变曲线与循环加载包络线的关系；②卸载及重加载曲线；③混凝土塑性应变；④往复过程混凝土的累积损伤。半经验模型的构建是基于与试验现象相结合的理论假定来提出的。对于往复荷载下混凝土受拉半经验本构模型仅见 Yankelevsky 和 Reinhardt[10]与 Aslani 和 Jowkarmeimandi[72]，且并未考虑应变率的影响。

以荷载控制的循环试验容易实现，试验方案简单明确，试验结果能够直观明了地反映混凝土的剩余强度、剩余寿命等，因此，研究相对深入。但是研究重点主要集中在应力水平（施加荷载与静态峰值荷载之比 S）、加载应力比（最小荷载与最大荷载之比 R）、材料参数等对混凝土结构的残余力学性能的影响。混凝土作为一种应变率敏感性材料，在相对静态加载速率较高加载频率的循环荷载作用下会产生明显的应变率效应，因此，在不同加载速率下混凝土材料的力学性能都将发生变化。但是目前混凝土循环力学性能的研究中鲜有涉及加载速率的影响。

混凝土作为一种多向非均质材料，材料本身的离散性就很大，且受到加载方式、试验条件等其他众多因素的影响，在循环荷载作用下的疲劳寿命测试值离散性会进一步扩大。这一问题虽然为工程界普遍认同，但是由于试验的实现存在的难度较大，一方面耗时较长、成功率较低；另一方面离散性分析通常需要一定数量的试验数据支撑分析结果的准确性。因此，相关的研究非常有限，且局限于某些特定的材料，缺少系统性。

此外,关于循环荷载作用下混凝土疲劳损伤理论的研究主要有线性损伤理论、非线性损伤理论和连续损伤理论。线性损伤理论简单,应用方便,但是也存在固有缺陷,即不能反映混凝土这种多向非均质材料的非线性损伤机理,因此,应用受到了限制。在线性损伤理论的基础上,发展了非线性损伤理论,非线性损伤模型的构建首先需要确定合适的损伤参数,但是损伤参数的选取具有随机性,能否真实反映混凝土材料内部损伤演化过程有待商榷。连续损伤理论是基于连续介质与不可逆热力学理论基础上提出的利用唯象学方法研究材料微缺陷的发展及其对材料力学性质的影响,具有严格的物理基础。在应用方面面临的主要问题是微缺陷的测试,目前还没有找到合适的方法。在循环荷载作用下,混凝土的损伤不仅涉及塑性变形的累积,还有刚度的衰减,因此,单纯使用连续损伤理论不能全面反映材料的损伤破坏过程。

综上所述,对混凝土在往复轴拉荷载作用下的力学性能及损伤演化规律的研究还不够深入系统,远远不能满足工程需要,尤其是当人们把重大工程灾变的防治,对重大工程的健康监测等这些对国际民生有重大影响的研究提到日程时,作为基础,对混凝土往复轴拉荷载作用下的本构关系的研究尤为重要。

今后在混凝土往复轴拉荷载作用下的本构关系的研究中,首先应当注意区分往复轴拉荷载作用下表现出的区别于单调轴拉荷载下的力学性能及本构关系,包括应力-应变全曲线;且需要考虑不同的加载路径、加载速率、荷载水平、荷载次序等诸多因素对混凝土在循环荷载作用下的力学性能以及本构关系的影响;同时,要定义适当的损伤参数,结合试验数据提出损伤演化模型;重要的是能够在深入分析往复轴拉作用下混凝土的特征力学参数的基础上,结合损伤演化规律构建合理的混凝土本构模型;构建的模型应该简单,便于工程应用和推广,同时能够在各种大型结构分析中得到不断的检验和完善。

1.4　本书主要研究工作与研究方法

本书结合国家重点研发计划（2016YFC0401907）、国家自然科学基金（51679150,51579153）、国家重大科研仪器研制项目（5127811）以及南京水利科学研究院基金项目（Y417002,Y417015）,针对现阶段循环荷载作用下混凝土轴拉力学性能的研究较少,试验数据离散性大,研究缺少系统性以及理论分析不完善的情况下,拟开展普通混凝土不同初始状态后的单调轴拉试验以及循环轴拉试验,研究不同初始状态以及不同循环轴拉路径下（通过改变应变幅、加载速率、应力幅、加载次序等实现不同的循环加载路径）混凝土的力学特性,揭示循环轴拉荷载下混凝土材料的损伤演化规律,构建多级常应力幅循环荷载下混凝土的非线性损伤累积模型,以期对实际混凝土结构在地震作用下的破坏过程和损伤机理进行分析和预测。拟开展的具体研究工作如下：

（1）不同应变率及初始静载下混凝土单调轴拉试验研究。以地震荷载所对应的应变速率为中心，研究不同应变速率（$5 \times 10^{-5} s^{-1}$、$1 \times 10^{-4} s^{-1}$、$1 \times 10^{-3} s^{-1}$、$1 \times 10^{-2} s^{-1}$、$1 \times 10^{-1} s^{-1}$、$5 \times 10^{-1} s^{-1}$、$1 \times 10^{0} s^{-1}$）以及不同初始静态荷载（0、5 kN、10 kN、15 kN、20 kN）下混凝土棱柱体试件动态轴向拉伸基本力学特性。

（2）不同初始损伤及初始裂缝下混凝土单调轴拉试验研究。通过设定不同初始循环荷载（1000 次、2000 次、5000 次、10 000 次、20 000 次）以及不同深度中央带裂缝（20 mm、30 mm、40 mm、50 mm），研究混凝土棱柱体试件遭受不同初始损伤及不同切槽深度后，动态轴向拉伸基本力学性能。

（3）基于声发射技术的混凝土动态轴拉特性研究。借助实时、动态的声发射技术，研究混凝土棱柱体试件动态轴向拉伸的声发射基本特性，进一步补充和完善混凝土动态轴向拉伸力学特性研究成果。

（4）不同应变幅循环荷载下混凝土轴拉力学特性。开展混凝土的不同应变幅和应变率的峰后循环轴拉试验。深入研究往复加载过程中混凝土的塑性应变、重加载应变、初始弹性模量和应力衰减等随循环加载的变化规律。重点分析循环加载路径下混凝土的应力-应变关系，构建包含软化段的不同应变幅循环轴拉荷载下混凝土的应力-应变关系模型。

（5）拉-压交替循环荷载下混凝土轴拉力学特性。定量分析循环轴拉荷载下混凝土的滞回特性。开展以应变控制的单轴拉-压交替循环试验，考虑反向压力对混凝土在不同应变幅轴拉循环荷载下的力学性能的影响。详细研究混凝土试件在这种复杂加载路径下的破坏模式和特征参数。基于 Preisach-Mayergoyz（PM）模型提出拉-压交替循环加载路径下混凝土的应力-应变关系模型，该模型可以模拟非线性弹性、拉伸刚度降低、刚度恢复、永久应变和滞回特性等循环荷载下混凝土的力学响应。

（6）常应力幅循环荷载下混凝土轴拉力学特性。对混凝土进行单级常应力幅循环轴拉试验，研究应力比和加载频率对混凝土的疲劳力学特性。分析循环破坏次数-加载应力水平-破坏概率之间的关系。探讨循环轴拉荷载下混凝土的应变累积、弹性模量衰减和能量耗散随循环加载次数的变化规律。为了研究不同应力幅加载次序对混凝土力学性能及损伤累积的影响，在单级常应力幅循环试验的基础上又开展多级常应力幅循环轴拉试验。研究多级常应力幅循环轴拉荷载下混凝土的变形、弹性模量和循环破坏次数等力学特性和加载次序之间的关系。

（7）循环轴拉荷载下混凝土损伤演化模型。考虑混凝土在荷载作用下弹性模量衰减和塑性应变累积，将"弹性模量法"与"塑性应变法"建立的损伤参数进行耦合，提出改进的损伤参数模型。根据改进的损伤参数首先构建不同应变幅循环荷载下混凝土的损伤演化模型，结合损伤演化模型分析混凝土的损伤破坏过程和机理。对常应力幅循环加载工况，利用改进的损伤参数构建混凝土的损伤演化模型，在此基础上结合"等效损伤"理论构建多级常应力幅循环荷载下混凝土的非线性损伤演化模型。

2 不同应变率及初始静载下混凝土
单调轴拉试验研究

混凝土的动态性能研究已经取得了丰富的成果，在许多方面已经形成了较为成熟的结论。但是，现有研究成果主要针对混凝土抗压试验，混凝土动态力学性能抗拉试验与理论研究较少。且到目前为止，在地震荷载所关注的应变速率下混凝土的应力-应变全曲线方程尚没有形成成熟的结论。

同时，已有的混凝土动态力学研究资料绝大多数是在无初始静载条件下进行的，而实际的混凝土结构，尤其是大型混凝土结构，在其工作过程中通常承担一定的初始静力荷载作用。一些试验研究了荷载历史对混凝土静态强度特性的影响。逯静洲等[134-136]对立方体混凝土试件进行试验：首先让试件经历常规三轴受压荷载历史，然后测量其抗压、劈拉强度的劣化性能。结果表明，经历荷载历史后，混凝土的损伤程度有一定发展。林皋等[137]用楔入劈拉试验对混凝土试块施加频率为 10 Hz 高频预加拉伸荷载，测出荷载-位移全过程曲线，通过与未承受加载历史的混凝土准静态断裂参数比较发现，当预加拉伸荷载值超过某一特定值后，混凝土的抗裂能力显著降低，从而认为混凝土的断裂参数不是独立于加载历史的物理量。Ballatore 等[138]对圆柱体试件先进行 0.5~2 h 不等的低幅度、频率 1 Hz 的预加动态循环荷载，然后量测其静态的抗压强度，发现强度增加 10%～15% 不等，变形能力减小 86% 或 22%（降低程度依赖于混凝土的类型）。这些研究工作只考虑了荷载历史对混凝土静态强度和变形性能的影响，而没有涉及混凝土在动态荷载下的力学性能。Kaplan[139]在研究中考虑了初始静态荷载对混凝土动态抗压性能的影响作用，仅对混凝土试件的动态强度性能进行了初步考察。因此，需要进一步研究混凝土轴向拉伸状态下的动态强度本构关系以及初始静态荷载情况下混凝土的动态力学性能。对复杂应力条件下的混凝土结构进行准确分析，综合考虑动、静态荷载的影响，全面了解混凝土的动力性能成为当前研究的重要任务。

2.1 混凝土轴拉率效应试验研究

2.1.1 试件准备

本次试验采用 100 mm×100 mm×510 mm 模具对混凝土试件进行一次浇筑

成型。为了实现轴向拉伸，每个钢模板两端分别预先埋置一根直径为 20 mm 的钢筋，并将其与混凝土浇筑在一起，形成两端带有钢筋，中部为混凝土的棱柱体试件。

试件采用南京普迪混凝土有限公司提供的商品混凝土，其主要组成包括生活饮用水，P•O 42.5 级水泥（初凝时间 160 min，终凝时间 355 min，28 d 抗折强度值 7.4 MPa，28 d 抗压强度值为 45.3 MPa），天然河砂（细度模数 2.6），连续粒级颗粒级配碎石（粒径大小 5~20 mm），UC-Ⅱ型外加剂（聚羧酸类），拌制混凝土和砂浆用Ⅰ级粉煤灰，S95 高炉矿渣粉。混凝土各组成材料比例为：水泥∶粉煤灰∶矿渣粉∶UC-Ⅱ型外加剂∶砂∶石= 0.72∶0.12∶0.16∶0.01∶2.04∶2.81，水胶比为 0.47，砂率为 42%。混凝土 28 d 抗压强度值为 41.5 MPa。试件浇筑成型后，为了消除龄期对试件强度的影响，试验前，所有试件在同等条件下养护龄期不少于180 d。试验时，测得混凝土抗压强度值为 43.3 MPa，弹性模量为 33.1 GPa。

2.1.2　试验过程

有关混凝土的动力特性，严格来说是指混凝土的应变速率相关性。混凝土结构所受到荷载的应变速率变化范围很大，详细分类如表 2-1 所示。

表 2-1　不同荷载对应的混凝土应变速率

荷载类型	应变率 /s^{-1}
蠕变（creep）	$(1{\sim}7) \times 10^{-8}$
静载（static load）	$(0.4{\sim}5) \times 10^{-5}$
交通（traffic）	$(1{\sim}100) \times 10^{-6}$
飞机撞击（aircraft impact）	$(24{\sim}400) \times 10^{-6}$
地震（earthquake）	$(1{\sim}10) \times 10^{-3}$
打桩（palification）	$(5{\sim}500) \times 10^{-3}$
硬物撞击（hard impact）	$1{\sim}50$
爆炸（explosion）	$(1{\sim}10) \times 10^{2}$

试验采用美国 MTS-810NEW 液压伺服试验机，其承载力为 250 kN。为了精确测得高应变速率下应力-应变关系曲线，采用标距为 250 mm 的超大型号引伸计，如图 2-1 所示，测量范围为–2.5 ~ 2.5 mm。引伸计沿轴拉方向布置在试件中间，并将其连接到 MTS 试验机应变采集通道中，实现荷载、变形同步采集。试验过程中，为了保证轴向拉伸荷载不偏离试件的中心轴，将图 2-2 所示的转动连接件连接在试件两端预埋的钢筋上。

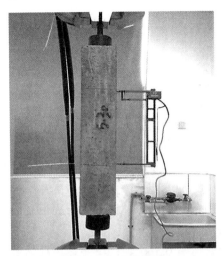

图 2-1　夹式引伸计

图 2-2　转动连接设备

　　考虑到地震荷载作用下混凝土结构的应变速率（$1 \times 10^{-3} \sim 1 \times 10^{-2}$ s^{-1}），本部分研究共设计 7 组（5×10^{-5} s^{-1}、1×10^{-4} s^{-1}、1×10^{-3} s^{-1}、1×10^{-2} s^{-1}、1×10^{-1} s^{-1}、5×10^{-1} s^{-1}、1×10^{0} s^{-1}）不同应变速率轴向拉伸试验，并以 5×10^{-5} s^{-1} 为准静态应变速率，即应变速率为 5×10^{-5} s^{-1} 时，混凝土的抗拉强度为准静态抗拉强度。

　　由于高应变速率下，试验结果稳定性较差，具有较大的离散性，因此，本次试验低应变速率下（5×10^{-5} s^{-1}，1×10^{-4} s^{-1}），每组开展 3 个混凝土棱柱体试件的轴向拉伸试验，其余应变速率（1×10^{-3} s^{-1}、1×10^{-2} s^{-1}、1×10^{-1} s^{-1}、5×10^{1} s^{-1}、1×10^{0} s^{-1}）下，每组进行 6 个混凝土棱柱体试件的轴向拉伸试验，并剔除偏离均值较大（±15%以外）的试验结果。

2.1.3　试验结果和讨论

2.1.3.1　应力-应变关系曲线

图 2-3 分别给出了应变速率为 1×10^{-1} s^{-1}、1×10^{-2} s^{-1}、1×10^{-3} s^{-1}、1×10^{-4} s^{-1} 时，棱柱体混凝土轴向拉伸试件典型的应力-应变关系曲线。由图 2-3 可知，经过初始不稳定阶段之后，试件的应力-应变关系曲线基本为光滑的直线段，且随着应变速率的增加，其峰值应力也逐渐增加。应力-应变关系曲线经过光滑的直线段之后，应力增加相对缓慢，而应变迅速增加，且应变速率越低，这一变化曲线相对越明显。由于混凝土材料的准脆性，达到最大应力值之后，试件迅速断开，难以采集到应力-应变曲线的下降段。

图 2-4 给出了高应变速率 0.5 s^{-1}、1 s^{-1} 下，棱柱体混凝土轴向拉伸试件的应力-应变关系曲线。由于应变速率较高，即荷载速率较大，荷载值瞬间达到试件极限荷载，为了测得试件的极限荷载，MTS 试验仪器采集频率调节到 0.1 μs 采集 1 次，由于数据采集速度过快，导致试验过程采集到许多无效数据，故图 2-4 中高应变速率下，棱柱体混凝土试件轴向拉伸应力-应变关系曲线没有图 2-3 完整。

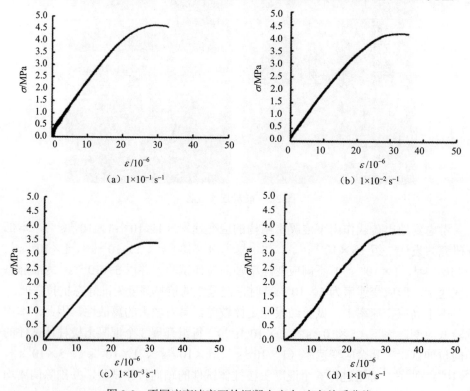

图 2-3　不同应变速率下的混凝土应力-应变关系曲线

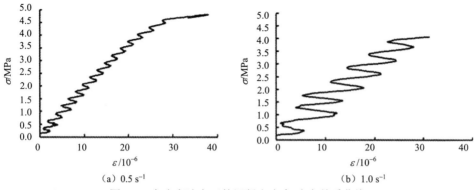

（a）0.5 s⁻¹　（b）1.0 s⁻¹

图 2-4　高应变速率下的混凝土应力-应变关系曲线

2.1.3.2　应变速率对混凝土强度的影响

不同应变速率下混凝土抗拉强度如表 2-2 所示。

表 2-2　不同应变速率下混凝土抗拉强度

应变率/s⁻¹	强度等级/MPa					均值/MPa	动态抗拉强度增长系数
5×10^{-5}	3.87	3.12	3.54			3.510	1
1×10^{-4}	3.73	3.43	3.75			3.637	1.0361
1×10^{-3}	3.69	3.55	3.73	3.97	3.77	3.742	1.0661
1×10^{-2}	3.80	4.17	4.57	3.92	4.58	4.208	1.1989
1×10^{-1}	4.46	4.64	4.37	4.40	3.92	4.358	1.2416
5×10^{-1}	4.87	4.80	4.73	5.35	3.95	4.740	1.3504
1×10^{0}	4.17	5.47	5.01	4.90		4.888	1.3925

将每个应变速率对应的有效试验结果取均值，则相对于准静态作用下（应变速率为 5×10^{-5} s⁻¹）混凝土棱柱体试件的抗拉强度为 3.510 MPa，当应变速率为 1×10^{-4} s⁻¹、1×10^{-3} s⁻¹、1×10^{-2} s⁻¹、1×10^{-1} s⁻¹、0.5 s⁻¹、1 s⁻¹ 时，混凝土棱柱体试件的抗拉强度分别提高了 3.61%、6.61%、19.89%、24.16%、35.04%、39.25%。

上述分析表明，混凝土棱柱体试件的抗拉强度随着应变速率的增加而逐渐增大[140-142]，其主要原因是：应变率较高时，荷载在短时间内迅速增加，混凝土内部裂纹产生和发展时间较短，在试件破坏的时候，内部裂纹来不及通过粗骨料与水泥砂浆结合部位的薄弱面逐步开裂扩展，而直接通过粗骨料，导致混凝土骨料的破坏。应变率越高，混凝土骨料破坏得越多，相当于粗骨料与水泥砂浆结合部位的薄弱面，混凝土粗骨料破坏时所承受的荷载逐渐增加，从而混凝土的强度就越大。

以应变速率为 $5\times10^{-5}\,\mathrm{s}^{-1}$ 的抗拉强度值为混凝土准静态抗拉强度 f_{st}，并定义混凝土的动态抗拉强度增长因子 α_{DIF} 为高应变速率下的抗拉强度均值 $\bar{f}$ 与准静态抗拉强度 f_{st} 的比值，将计算结果一并列入表 2-2 中。以动态抗拉强度增长因子为纵坐标，高应变速率与准静态应变速率 $\dot\varepsilon_{st} = 5\times10^{-5}\,\mathrm{s}^{-1}$ 比值的对数为横坐标，其对应关系如图 2-5 所示。

由图 2-5 可以看出，混凝土动态抗拉强度增长因子与应变速率比值的对数近似呈线性关系，这一结果与前人研究成果相吻合[143]。通过线性回归，得出混凝土动态抗拉强度与应变速率之间的拟合计算式为

$$\frac{\bar{f}}{f_{st}}=1+0.0879\lg\left(\frac{\dot\varepsilon}{\dot\varepsilon_{st}}\right),\quad r^2=0.9713 \tag{2-1}$$

式中，$\dot\varepsilon$ 为混凝土动态应变速率（s^{-1}）；$\dot\varepsilon_{st}$ 为混凝土准静态应变速率（对应应变速率为 $5\times10^{-5}\,\mathrm{s}^{-1}$）；$r^2$ 为相关系数。

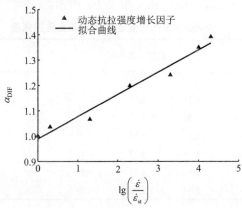

图 2-5　混凝土动态抗拉强度增长因子与应变速率关系

2.1.3.3　应变速率对混凝土弹性模量的影响

由图 2-3 可知，不同应变速率下混凝土棱柱体试件动态轴向拉伸试验应力-应变关系曲线在初始阶段呈线性，因此，可以取应力-应变关系曲线初始阶段割线的斜率为初始弹性模量。

以高应变速率与准静态应变速率 $5\times10^{-5}\,\mathrm{s}^{-1}$ 比值的对数 $\lg(\dot\varepsilon\,/\,\dot\varepsilon_{st})$ 为横坐标，动态弹性模量增长因子 $\alpha_{E/E_{st}}$ 为纵坐标，绘出应变速率与混凝土动态弹性模量的影响关系如图 2-6 所示。

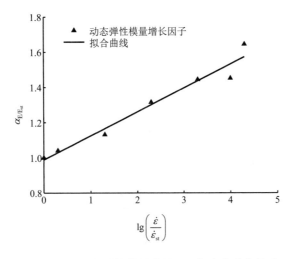

图 2-6 混凝土动态弹性模量增长因子与应变速率关系

由图 2-6 可知，随着应变速率的增加，混凝土动态弹性模量逐渐增加。应变速率为 $1\times10^{-4}\,\mathrm{s^{-1}}$、$1\times10^{-3}\,\mathrm{s^{-1}}$、$1\times10^{-2}\,\mathrm{s^{-1}}$、$1\times10^{-1}\,\mathrm{s^{-1}}$、$0.5\,\mathrm{s^{-1}}$、$1\,\mathrm{s^{-1}}$ 时，其对应于准静态作用下（应变速率为 $5\times10^{-5}\,\mathrm{s^{-1}}$）的动态弹性模量分别提高了 4.1%、13.2%、31.5%、44.4%、45.2%、64.5%。通过线性回归，得出混凝土动态弹性模量与应变速率之间的拟合计算式为

$$\frac{\overline{E}}{E_{\mathrm{st}}}=1+0.1326\lg\left(\frac{\dot{\varepsilon}}{\dot{\varepsilon}_{\mathrm{st}}}\right),\quad r^2=0.9613 \tag{2-2}$$

式中，$\overline{E}$ 为混凝土动态初始弹性模量的均值；r^2 为相关系数；E_{st} 为混凝土准静态初始弹性模量（对应于应变速率为 $5\times10^{-5}\,\mathrm{s^{-1}}$ 作用下的初始弹性模量）。

2.1.3.4 应变速率对混凝土峰值应变的影响

不同应变速率下混凝土峰值应变如表 2-3 所示。

以高应变速率与准静态应变速率 $5\times10^{-5}\,\mathrm{s^{-1}}$ 比值的对数 $\lg(\dot{\varepsilon}/\dot{\varepsilon}_{\mathrm{st}})$ 为横坐标，峰值应变增长因子 $\alpha_{\varepsilon'/\varepsilon_{\mathrm{st}}'}$ 为纵坐标，图 2-7 给出了应变速率对混凝土峰值应变的影响关系。

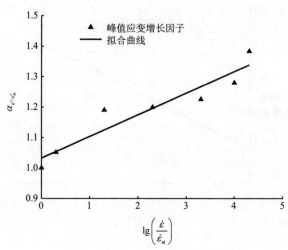

图 2-7　混凝土峰值应变增长因子与应变速率关系

表 2-3　不同应变速率下混凝土峰值应变

应变率/s⁻¹	峰值荷载处应变/με					均值/με	峰值应变增长系数
5×10^{-5}	30.35	23.25				26.801	1.0000
1×10^{-4}	28.39	27.96				28.177	1.0513
1×10^{-3}	31.47	33.70	27.24	35.43	33.08	30.44	31.894	1.1900
1×10^{-2}	35.73	32.84	28.26	32.63	31.30		32.152	1.1996
1×10^{-1}	32.80	35.53	29.97	33.05			32.838	1.2253
5×10^{-1}	36.17	37.71	32.46	30.86			34.301	1.2798
1×10^{0}	38.03	36.12					37.074	1.3833

　　由图 2-7 可知，随着应变速率的增加，混凝土峰值应变逐渐增加。高应变速率（$1\times10^{-4}\,\mathrm{s}^{-1}$、$1\times10^{-3}\,\mathrm{s}^{-1}$、$1\times10^{-2}\,\mathrm{s}^{-1}$、$1\times10^{-1}\,\mathrm{s}^{-1}$、$0.5\,\mathrm{s}^{-1}$、$1\,\mathrm{s}^{-1}$）相对于准静态作用下（应变速率为 $5\times10^{-5}\,\mathrm{s}^{-1}$）峰值应变的比值分别为 1.0513、1.1900、1.1996、1.2253、1.2798、1.3833。采用同样的方法，通过线性回归，得出混凝土峰值应变与应变速率之间的拟合计算式为

$$\frac{\overline{\varepsilon'}}{\varepsilon'_{\mathrm{st}}} = 1 + 0.08071\lg\left(\frac{\dot{\varepsilon}}{\dot{\varepsilon}_{\mathrm{st}}}\right), \quad r^2 = 0.8726 \tag{2-3}$$

2.2 不同初始静载混凝土动态拉伸试验研究

2.2.1 试验方案

试验采用 100 mm×100 mm×510 mm 的模具一次浇筑完成相同棱柱体混凝土试件。混凝土试件初始设计强度等级为 60 MPa，由规格为 P·II 52.5 级水泥、粉煤灰、中砂、碎石、水及外加剂 JM-8 拌制而成。所有试验都采用南京水利科学研究院的 MTS-810NEW 液压伺服试验机。

考虑到混凝土结构在地震荷载作用下对应的应变速率为 $1×10^{-3}$~$1×10^{-2}$ s^{-1}，因此，试验设计过程中，准静态应变速率选择为 $1×10^{-4}$ s^{-1}，荷载达到设定静载时，采用 $1×10^{-3}$ s^{-1} 的应变速率加载至试件破坏。初始静载值设计有 0、5 kN、10 kN、15 kN、20 kN 共计 5 种情况，具体如图 2-8 所示。

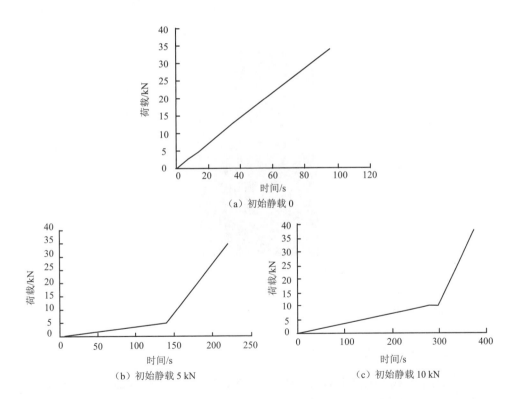

（a）初始静载 0

（b）初始静载 5 kN

（c）初始静载 10 kN

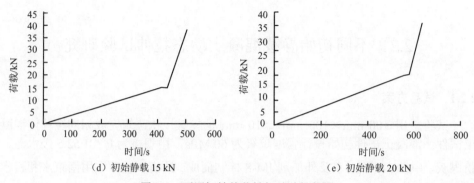

（d）初始静载 15 kN　　　　　　　　　（e）初始静载 20 kN

图 2-8　不同初始静载轴拉试验加载图

　　鉴于动态轴向拉伸试验过程较短，难免存在一定误差。为更加真实地反映试验结果，不同初始静载对应进行混凝土轴向拉伸试验不少于 5 个，剔除偏离均值较大（±15%以外）的试验结果，且满足有效试验数据不少于 3 个。除了试验结果作为评判试验成功与否的标准外，试件最终断开位置也是评判试验成功的一个重要标准，断开位置偏离试件中点 10 cm 以上的试件，即使试验结果较好，数据处理过程中，仍然要将其剔除。有效破坏试验如图 2-9 所示。

图 2-9　拉伸试验有效破坏结果图

2.2.2　试验结果分析

2.2.2.1　应力-应变关系曲线

　　不同初始静载（0、5 kN、10 kN、15 kN、20 kN）棱柱体混凝土动态轴向拉伸试件应力-应变关系曲线如图 2-10 所示。

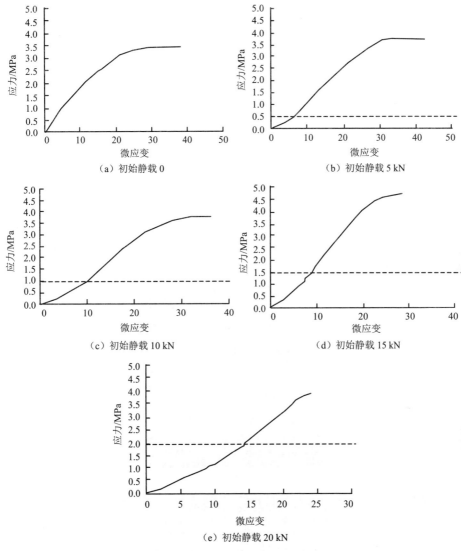

（a）初始静载 0　　　　　　　　（b）初始静载 5 kN

（c）初始静载 10 kN　　　　　　　（d）初始静载 15 kN

（e）初始静载 20 kN

图 2-10　不同初始静载混凝土轴拉试件应力-应变曲线

由图 2-10 不同初始静载混凝土轴拉试件应力-应变关系变化曲线可知，初始静态荷载对应力-应变关系曲线的影响作用较为明显，相对于动态加载，混凝土试件拟静态加载过程，其应力-应变关系曲线更加平缓，初始弹性模量随初始静态荷载增加有显著的增加趋势，即初始拟静载荷载值越大，应力-应变关系曲线的初始斜率就越大。

在有初始静态荷载状态下的应力-应变曲线与无初始静态荷载状态下的曲线形式有很大区别。在发生应变速率改变的位置，应力-应变曲线的斜率发生显著变化，如图 2-10（b）~（e）中虚线所示。

进一步分析图 2-10 可以注意到，在初始静态荷载较小时施加动态荷载，应力 - 应变曲线上在动态加载段的切线弹性模量与相应单调加载时的弹性模量比较接近，如图 2-10（a）和（b）所示；而当初始静态荷载较大时，在施加动态荷载后，切线弹性模量随着初始静态荷载的增加有减小的趋势。在混凝土结构的动力计算中应该充分注意这一特点。

除图 2-10（e）外，图 2-10（a）～（d）应力-应变曲线中，峰值应力所对应的应变值基本相等，说明初始静态荷载对轴向拉伸棱柱体混凝土试件的应力-应变曲线斜率有一定影响，但是对混凝土试件开裂破坏时所对应的延性影响不大。

2.2.2.2　试验现象

如图 2-11 所示，由不同初始静载（0、5 kN、10 kN、15 kN、20 kN）棱柱体混凝土动态轴向拉伸试件破坏试验照片可知，初始拟静态荷载大小的不同，对混凝土棱柱体试件的断裂破坏现象具有一定影响。

（a）初始静载 0

（b）初始静载 5 kN

（c）初始静载 10 kN

（d）初始静载 15 kN　　　　　　　　　（e）初始静载 20 kN

图 2-11　不同初始静载混凝土轴拉试件破坏照片

由图 2-11 可知，初始预加静态荷载值的不同，导致混凝土棱柱体试件动态轴向拉伸破坏结果有所不同。随着初始拟静态荷载值的增加，混凝土动态拉伸破坏所经历的时间越长，破坏裂缝扩展越充分，裂缝有充足时间沿着试件相对薄弱位置开裂扩展。因此，图 2-11（a）～（e）中，试件破坏后，破坏断面面积逐渐增大。另外，由于初始静态荷载仅增加了砂浆的损伤程度，对混凝土试件的骨料影响较小。因此，遭受初始静态荷载混凝土试件的动态破坏结果仍然由动态应力速率来决定。从而图 2-11 中，相对于初始静态荷载为 0 的混凝土试件，经历初始静态荷载后，混凝土动态破坏时粗骨料被拉断的数量明显增加，当初始静态荷载增加到一定量值时，混凝土棱柱体试件动态破坏时，粗骨料被拉断的数量增加不再明显，如图 2-11（c）～（e）所示。

2.2.2.3　轴拉强度

混凝土棱柱体试件轴向拉伸强度随试验设计 5 组不同初始静载变化曲线如图 2-12 所示。

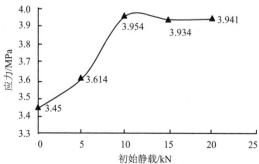

图 2-12　不同初始静载混凝土试件轴拉强度变化曲线

由图 2-12 可知，随着初始静态荷载逐渐增加，混凝土棱柱体试件动态轴向拉伸强度先增加，后趋于平稳。这一现象说明，混凝土材料的动态抗拉强度不仅与混凝土试件破坏时的动力荷载形式有关，还与动力荷载的作用历史有关。混凝土速率敏感性的产生与混凝土内部自由水的黏滞性以及混凝土破坏形式的改变有关。在静态荷载作用下，随着荷载的增加，混凝土内部微裂纹得到不断发展，相互连通裂缝的发展途径选择在该应变速率下的最为薄弱环节。当有较高应变速率施加到混凝土试件上时，由于速率的改变，在现有状态下裂缝的发展规律不一定沿原来（静态荷载下）所选的路径继续发展下去，而是重新选择当前的最薄弱路径进行发展。速率越高，微裂缝通过试件内部强度较高区域的可能性越大。这是因为加载速率提高后，穿越较高强度区域的途径较短，所消耗的总能量可能更少，宏观上表现为材料强度的提高。当初始静态荷载较大时，如图 2-12 中初始静态荷载超过 10 kN 时，随着荷载的逐渐增加，混凝土内部微裂纹可以得到充分发展，甚至可形成相互连通裂缝，因此，达到较大初始静态荷载后再进行动态拉伸试验时，混凝土动态破坏过程将延续初始静态荷载形成的连通裂缝，从而，混凝土棱柱体试件动态抗拉强度增加幅度逐渐减小，或趋于平稳。

在初始静态荷载较小时，混凝土试件的破坏过程主要受动荷载的影响，其作用过程较长，从而强度提高的幅度较大。而当初始静态荷载较大时，微裂纹在混凝土内部已经有很大的发展；当动态荷载作用时，裂缝穿过强度较高的区域较少，从而强度提高的幅度就比较小。

2.3　本　章　小　结

本章通过对混凝土试件进行不同加载速率以及不同初始静载的轴拉试验，得到了与应变率以及初始静载直接相关的力学特性，主要结论如下：

（1）随着应变速率的增大，混凝土的单轴抗拉强度明显提高。以应变速率 $5 \times 10^{-5}\,s^{-1}$ 时的抗拉强度 3.510 MPa 为准静态抗拉强度时，应变速率达到 $1 \times 10^{-4}\,s^{-1}$、$1 \times 10^{-3}\,s^{-1}$、$1 \times 10^{-2}\,s^{-1}$、$1 \times 10^{-1}\,s^{-1}$、$5 \times 10^{-1}\,s^{-1}$ 和 $1 \times 10^{0}\,s^{-1}$ 时，混凝土的抗拉强度值分别提高了 3.61%、6.61%、19.89%、24.16%、35.04% 和 39.25%。

（2）混凝土动态弹性模量、峰值应力处的应变值均随着应变速率的增加而增加，且增长因子均与动静态应变速率比值的对数呈线性关系。

（3）在加载过程中，当应变速率发生变化时，即由拟静态加载转化为动态加载时，混凝土的动弹性模量也相应地发生变化。在初始静态荷载较大时，弹性模量的变化规律应该引起足够重视。

（4）混凝土棱柱体试件动态轴向拉伸破坏断面随着初始静态荷载的增加而逐渐增大，且粗骨料被拉断的数目越多，当初始静态荷载达到一定量值时，试件破坏时，被拉断的粗骨料数增加不再明显。

（5）预加初始静态荷载对混凝土的动态性能产生重要的影响，随着初始预加荷载幅度的增加，混凝土的动态轴向拉伸强度先增加，然后趋于平稳。

3 不同初始损伤及初始裂缝下
混凝土单调轴拉试验研究

实际工程结构中，混凝土结构往往会遭受到循环荷载的作用，作用于混凝土结构的方式既区别于这些基于拟静态的加卸载，又区别于常规的疲劳荷载，多数为遭受不同初始损伤之后的动态破坏现象。经过循环荷载之后，混凝土的力学性能与单调加载的情况将有很大不同。特别地，抗拉强度对于混凝土的抗裂性能起着重要作用。对于大坝等重要混凝土建筑物，混凝土大坝主要表现为受拉出现裂缝，发生应力重分布，使大坝的承载能力降低[137]。因此，在充分考虑混凝土结构实际荷载响应特点的基础上，研究初始损伤后混凝土的拉伸力学性能具有重要的工程意义。

混凝土材料本身就是一个"先天"的带有大量微裂缝和缺陷的材料，这主要是由于混凝土是由基相和分散相组成的多相复合材料，总会不可避免地有一些天然的"结合缝"在粗骨料和硬化水泥浆的结合面上形成，并且由于混凝土材料在水泥砂浆和骨料的结合面上会产生应力集中，从而引起开裂[144,145]。可以说，混凝土结构中裂缝的出现具有客观性和普遍性。

混凝土断裂力学的研究方法主要有数值分析和断裂试验研究。为了能对试件几何形式、试件尺寸、初始缝高比、材料的组成和强度以及加载条件等因素对断裂参数的影响规律进行描述，建立裂缝发展规律判断准则，人们往往借助于断裂试验。

虽然传统的断裂试验试件形式已经较为丰富，但是由于现有试件仍存在这样或那样的不足之处，如三点弯曲梁试件自重对试件搬运以及断裂参数真实性的影响、紧凑拉伸试件对试验机刚度以及对中方面要求较高的问题、楔入劈拉试件可能在裂缝尖端存在的附加应力对断裂参数计算的影响以及楔入式紧凑拉伸试件加载装置复杂等，众多学者在断裂试验的试件形式上的创新和探索并没有停止。

近年来有学者提出将中央带缺口的立方体试件用于模拟混凝土Ⅰ型断裂行为[146,147]，纵观以往的研究成果，可以看到这种试件在形式上具有试件小、轻便、不易损伤、可钻心取样等特点；在试验方法上具有操作简捷、对试验机刚度要求较低，且可参照立方体劈拉强度测试标准方法加载等特点；在断裂参数测定上，可忽略试件自重的影响，计算公式简易，便于工程使用等众多优点，且得到的断裂参数稳定可靠。

目前，由于动态加载下的混凝土断裂性能的研究还不够成熟，而对于双 K 断裂理论体系[148,149]，以往不论是试验研究还是理论分析几乎全部集中在准静态加载条件下开展[150,151]，所测定的混凝土断裂韧度指标也仅仅反映准静态下混凝土材料裂缝的抵制能力[152,153]，鲜有针对动态荷载作用下对双 K 断裂韧度参数的研究。本章尝试通过动态加载对混凝土材料断裂性能影响方面开展一些初步的研究工作，为今后混凝土动态断裂性能的研究工作提供参考。

3.1 不同初始损伤混凝土动态拉伸试验研究

3.1.1 试验方案

本章试验仍然采用 100 mm×100 mm×510 mm 的模具一次浇筑完成相同棱柱体混凝土试件。混凝土试件初始设计强度等级为 60 MPa，由规格为 P·II 52.5 级水泥、粉煤灰、中砂、碎石、水及外加剂 JM-8 拌制而成。所有试验都采用南京水利科学研究院的 MTS-810NEW 液压伺服试验机开展。

本次试验首先采用拟静态应变速率 $1×10^{-4}s^{-1}$ 将试件加载到 5 kN，在 5 kN 处稳定 15 s，然后通过相同幅值、相同频率的循环荷载实现混凝土不同初始损伤情况，荷载循环次数包括 1000 次、2000 次、5000 次、10 000 次和 20 000 次五种情况，经过循环荷载之后，以地震荷载对应的应变速率 $1×10^{-3}s^{-1}$ 实现混凝土试件的动态轴向拉伸破坏，从而研究不同初始损伤混凝土棱柱体试件动态轴向拉伸试验，试验具体加载方案如图 3-1 所示。

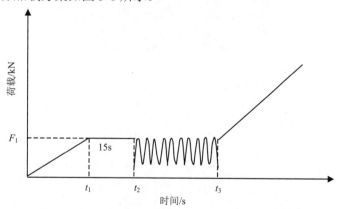

图 3-1 不同初始损伤动态轴向拉伸试验加载方案

在开始的 t_1 时间内缓慢加载到预定的静态荷载 F_1，从 t_1 到 t_2，保持荷载 F_1 稳定 15 s，然后，按照频率 5 Hz，幅值在 1 kN 和 5 kN 之间循环加载，循环次数达到设定值后，从 t_3 开始，以地震作用所对应的应变速率将试件加载至破坏。

　　鉴于试验过程难免存在一定误差，为更加真实地反映试验结果，不同初始损伤对应进行混凝土轴向拉伸试验不少于 5 个，剔除偏离均值较大（±15%以外）的试验结果，且满足有效试验数据不少于 3 个。除试验结果作为评判试验成功与否的标准外，试件最终断开位置也是评判试验成功的一个重要标准，断开位置偏离试件中点 10 cm 以上的试件，即使试验结果较好，数据处理过程中，仍然要将其剔除。

3.1.2　试验结果分析

3.1.2.1　试验现象

　　如图 3-2 所示，由不同初始损伤混凝土棱柱体试件动态轴向拉伸破坏试验照片可知，经过相同幅值、相同频率，不同循环次数（1000 次、2000 次、5000 次、10 000 次、20 000 次）后，混凝土棱柱体试件动态轴拉破坏试验现象表现出一定差异。

（a）循环次数 1000 次

（b）循环次数 2000 次

（c）循环次数 5000 次

　　　（d）循环次数 10 000 次　　　　　　　　（e）循环次数 20 000 次

图 3-2　不同初始损伤混凝土轴拉试件破坏照片

由图 3-2 可知，初始损伤程度的不同，对混凝土棱柱体试件破坏断面影响也不尽相同，具体表现为：损伤程度越严重，即初始循环次数越多，混凝土破坏断面越整齐，粗骨料数目越多。

通过不同初始静载混凝土动态轴拉试验破坏现象类推可知，初始循环次数较少时，混凝土遭受损伤程度相对较轻，当采用动态荷载进行轴拉破坏的时候，试件破坏断面砂浆与骨料结合面的微裂纹来不及充分扩展，断裂面通过较大粗骨料而发生破坏。当初始循环次数较多时，混凝土遭受损伤程度相对较重，混凝土断裂破坏面形成了一个相对薄弱的部位，此时采用动态荷载进行轴拉破坏试验时，微裂纹相互贯通并发展至整个断面。这一现象表明，经过不同初始损伤混凝土棱柱体试件动态拉伸破坏断面同直接动态轴向拉伸破坏断面表现出相反的规律。

3.1.2.2　应力-应变关系曲线

图 3-3 为不同初始损伤混凝土棱柱体试件动态轴向拉伸典型应力-应变关系曲线。

从图 3-3 可以看出，随着循环次数的增加，尽管荷载值并没有增加，但是混凝土试件拉伸应变并不回到零点，说明在循环荷载反复作用过程中，棱柱体试件中的微裂缝有所发展，导致不可恢复变形的发生。而且，随着循环次数的增加，不可恢复变形的幅值也逐步增加，因此，在混凝土结构设计中，永久变形对混凝土材料地震响应的影响不应忽视。

经过初始循环荷载，混凝土进入动态轴向拉伸破坏之后，典型应力-应变关系曲线上升段如图 3-3 所示。

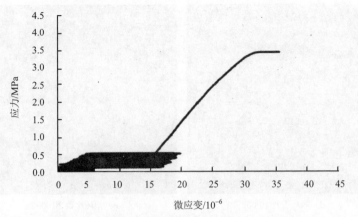

图 3-3　不同初始损伤混凝土轴拉试件应力-应变曲线

　　对比分析本书前一章可知，不管是直接动态拉伸，还是经过初始静载之后的动态拉伸，或者是本章经过初始损伤之后的动态拉伸，混凝土棱柱体试件应力-应变关系曲线上升段变化规律基本一致。应力-应变关系曲线经过光滑的直线段之后，应力增加相对缓慢，而应变迅速增加，由于混凝土材料的准脆性，达到最大应力值之后，试件被迅速拉断破坏，难以采集到混凝土棱柱体试件动态破坏应力-应变曲线的下降段。

3.1.2.3　轴拉强度

　　不同初始损伤混凝土棱柱体试件动态轴向拉伸强度曲线如图 3-4 所示。

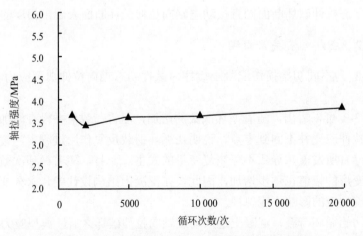

图 3-4　不同初始损伤混凝土轴拉试件轴拉强度曲线

　　由图 3-4 可知，经过不同循环次数之后，混凝土棱柱体试件动态轴拉强度值变化不大。

分析图 3-4 可知，混凝土棱柱体试件动态轴拉破坏强度值在 3.4~4.0 MPa，而本章试验设计循环荷载幅值为 0.1 MPa 和 0.5 MPa，相对于试件破坏强度值，循环荷载最大值仍小于试件破坏强度的 15%，另外，本章循环次数为 1000~20 000 次，因此，无论是循环荷载变化范围，还是循环次数，相对于棱柱体试件破坏强度均较小，即本章所设计初始损伤程度对棱柱体试件影响较小，从而，试验设计条件下，初始损伤对混凝土棱柱体试件动态破坏强度值影响较小。

鉴于本章试验结果，后续试验中，应充分考虑混凝土试件破坏强度值，并适当增加循环次数和循环荷载幅值，以便得到更加真实的试验结果，为实际工程服务。

3.1.2.4 峰值应变

图 3-5 为不同初始损伤混凝土棱柱体试件动态轴向拉伸最大强度值所对应的峰值应变关系曲线。

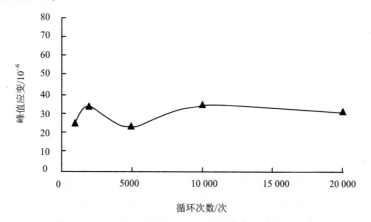

图 3-5 不同初始损伤混凝土轴拉试件峰值应变曲线

由于本章试验设计条件下，混凝土棱柱体试件轴拉强度受初始循环次数影响较小，同样，轴拉强度峰值所对应的应变值（峰值应变）受循环次数影响也较小，如图 3-5 所示。尽管图 3-5 中混凝土峰值应变与初始循环次数关系曲线有一定的波动，但是，整体变化不大且没有明显规律。进一步说明，本章设计初始损伤程度对混凝土棱柱体轴拉破坏试验结果影响不大。

3.2 不同初始裂缝混凝土动态拉伸试验研究

3.2.1 试验方案

3.2.1.1 试件设计和制作

以初始裂缝长度值为参量,试验设计 4 组不同裂缝宽度的混凝土棱柱体试件,具体大小分别为 20 mm、30 mm、40 mm 和 50 mm,为了保证每组试件至少有 3 个有效数据,每组试件对应设计 5 个,共计 20 个试件,试件尺寸大小为 100 mm × 100 mm×510 mm。

所有试件初始设计强度等级相同,为 C30,即采用同一个配合比,经过人工拌匀后,按裂缝宽度大小,分批次浇筑。试件浇筑完成后,在室温下覆盖透水麻袋养护至 48 h 后拆模,并继续在有透水麻袋覆盖的情况下,定期洒水养护 28 d。

3.2.1.2 加载方案

试验采用美国进口的 MTS-810NEW 液压伺服试验机,其量程为 250 kN。

加载时,以荷载为参数,分阶段循环加载,加载速率为 $1.0 \times 10^{-3} s^{-1}$,具体加载过程为:第 1 阶段,荷载从 0 加载至 4 kN;第 2 阶段,荷载保持在 4 kN 处稳定 10 s;第 3 阶段,荷载从 4 kN 降低至 2 kN;第 4 阶段,荷载保持在 2 kN 处稳定 10 s;第 5 阶段,荷载从 2 kN 加载至 6 kN;第 6 阶段,荷载保持在 6 kN 处稳定 10 s;第 7 阶段,荷载从 6 kN 降低至 4 kN;第 8 阶段,荷载保持在 4 kN 处稳定 10 s;第 9 阶段,荷载从 4 kN 加载至 8 kN……依照上述加载过程,依次循环加载,直至试件被拉断,如图 3-6 所示。

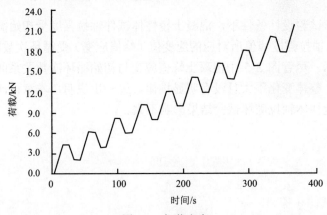

图 3-6 加载方案

3.2.2 试验结果分析

3.2.2.1 试验现象

如图 3-7（a）所示，通过转动连接件将试验机和棱柱体试件进行连接，并保证棱柱体试件实现轴向拉伸，以初始预制裂缝为中心，将 250 mm 的夹式引伸计对称布置在裂缝两侧，用来准确测量试件中心段应变值随荷载变化情况。

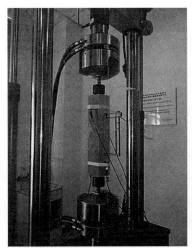

（a）加载　　　　　　　　　　　　（b）拉断

（c）断裂截面

图 3-7　试验加载至破坏全过程

根据图 3-6 所示的加载方案，试件被拉断时的情况如图 3-7（b）所示，破坏后断面如图 3-7（c）所示。

除个别试件（初始裂缝较小）断裂位置偏离预制裂缝外，试件均在预制裂缝位置处断开。尽管加载速率较大，但是由于试验采用循环加载方式，且试件带有初始裂纹，因此，裂缝有充足的时间沿砂浆和粗骨料的界面扩展，试件断裂面和动态加载时有所不同。

3.2.2.2　极限应力强度

不同初始裂缝宽度混凝土试件对应的动态轴向拉伸应力强度均值变化曲线如图 3-8 所示。

由图 3-8 可知，随着初始预制裂缝宽度的增加，混凝土棱柱体试件动态轴向拉伸应力值逐渐下降，并近似呈直线关系，通过线性回归，可以得到棱柱体试件动态应力强度和初始裂缝宽度之间的关系如式（3-1）所示：

$$f_k = -\frac{1}{4}a_0 + 2.42, \quad r^2 = 0.9747 \qquad (3-1)$$

式中，f_k 为不同初始裂缝宽度对应混凝土棱柱体试件动态应力强度值（MPa）；a_0 为混凝土棱柱体试件初始预制裂缝宽度值（cm）。

上述现象不难解释，由于初始预制裂缝的存在，对混凝土棱柱体试件造成了不可修复的缺陷，且试件发生轴拉破坏时，主要发生在初始预制裂缝位置。因此，当试件设计尺寸、设计强度等相同的时候，随着初始预制裂缝宽度的增加，混凝土棱柱体试件轴拉破坏时，承载破坏截面逐渐减小，其可承受的应力值将随着初始设计预制裂缝宽度的增加而逐渐减小。

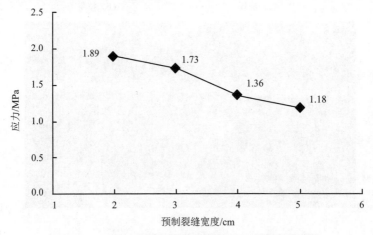

图 3-8　不同初始裂缝混凝土试件轴拉强度变化曲线

3.2.2.3　应力-应变关系曲线

图 3-9 为循环荷载作用下，不同初始裂缝混凝土棱柱体试件动态轴向拉伸典型应力-应变曲线。

加载初期，随着循环荷载的施加，混凝土棱柱体试件应力-应变表现出明显的线性关系，混凝土处于弹性阶段。随着荷载的增大，卸载时有越来越多不可恢复的变形发生，弹性模量（应力-应变关系曲线的斜率）也有降低的趋势，混凝土棱柱体试件发生了一定的永久变形，而这种永久变形随着荷载值的增加，在接近破坏荷载时变化更加显著。

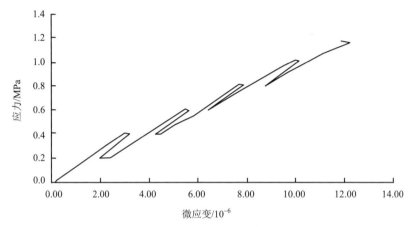

图 3-9　不同初始裂缝混凝土试件轴向拉伸应力-应变曲线

3.2.2.4　断裂韧度

参考《水工混凝土断裂试验规程》（DL/T 5332—2005）[154]中断裂韧度的计算公式：

$$K = \frac{1.5\left(F_{\max} + \dfrac{mg}{2}\times 10^{-2}\right)\times 10^{-3}\cdot S\cdot a_0^{1/2}}{th^2}f(\alpha) \qquad (3\text{-}2)$$

式中，K 为混凝土断裂韧度（MPa·m$^{1/2}$），$F_{\max}$ 为荷载值（kN），m 为试件支座间的质量（kg），h 为试件的高度（m），g 为重力加速度（取 9.81m/s^2），S 为试件两支座间的跨度（m），t 为试件厚度（m），a_0 为裂缝长度值（m），α 为缝高比。

函数 $f(\alpha)$ 的计算公式如式（3-3）所示：

$$f(\alpha) = \frac{1.99 - \alpha(1-\alpha)(2.15 - 3.93\alpha + 2.7\alpha^2)}{(1+2\alpha)(1-\alpha)^{3/2}} \qquad (3\text{-}3)$$

由式（3-2）和式（3-3）可知，混凝土试件破坏时，其断裂韧度值 K 由其承受的荷载值 $F_{\max}$、试件支座间的质量 m、试件长度 L、试件的跨度 S、试件厚度 t、裂缝长度值 a_0 以及缝高比 α 来决定。在本次试验设计中，上述参数均已知，因此，可以将其代入式（3-2）和式（3-3）进行计算，并确定混凝土试件动态断裂韧度，计算结果如表 3-1 所示。

表 3-1　混凝土动态断裂韧度

初始缝长/mm	缝高比	$f(\alpha)$	荷载值/kN	断裂韧度/（MPa·m$^{1/2}$）
20	0.2	1.75	18.93	1.245
30	0.3	1.85	17.30	1.474
40	0.4	2.09	13.63	1.513
50	0.5	2.51	11.80	1.761

根据表 3-1，在动态荷载作用下，混凝土棱柱体试件断裂韧度随缝高比的变化曲线如图 3-10 所示。

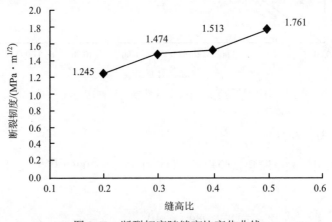

图 3-10　断裂韧度随缝高比变化曲线

由图 3-10 可知，在试验设计的 4 组（0.2、0.3、0.4、0.5）缝高比下，随着初始缝高比的增加，混凝土动态断裂韧度呈增加趋势，以缝高比为 0.2 时的动态断裂韧度为基准，当缝高比增加到 0.3、0.4 和 0.5 时，对应混凝土动态断裂韧度值分别增加了 18.35%、21.53%和 41.40%。

图 3-11 所示为有关学者得到的不同初始缝高比对混凝土静态断裂韧度的影响。图 3-11（a）为本书作者给出的不同强度等级（25 MPa、35 MPa）混凝土试件断裂韧度随初始缝高比变化曲线[154]。由图可知，混凝土断裂韧度和动态断裂韧度变化曲线基本一致，即随着缝高比的增加而逐渐增大。

胡少伟等[155]基于双 K 断裂理论计算了中央带缺口的立方体试件的断裂韧度值，研究结果表明，当初始缝高比设计值在 0.1~0.4 时，中央带缺口的混凝土立方体试件计算得到的起裂韧度值随初始缝高比呈现增大的趋势，如图 3-11（b）所示。

胡晓威在其论文中[156,157]给出了带缺口混凝土试件断裂韧度随缝高比变化曲线，如图 3-11（c）所示。由图可知，在作者设计的三组初始缝高比（0.1、0.3 和 0.5）下，各组混凝土试件的断裂韧度均值随着初始缝高比的增大基本呈现出线性增长的规律，其中缝高比为 0.5 的混凝土试件与缝高比为 0.1 的混凝土试件相比，最大增幅达 125% 左右。

图 3-11（d）为基于三点弯曲梁试件形式得到的混凝土断裂韧度与初始缝高比的变化规律[158]。由图可知，初始缝高比小于 0.6 时，混凝土断裂韧度值随着缝高比的增加逐渐增大，当缝高比增大到一定程度后，由图 3-11（d）可知，缝高比大于 0.6 时，断裂韧度值表现出较为明显的下降。

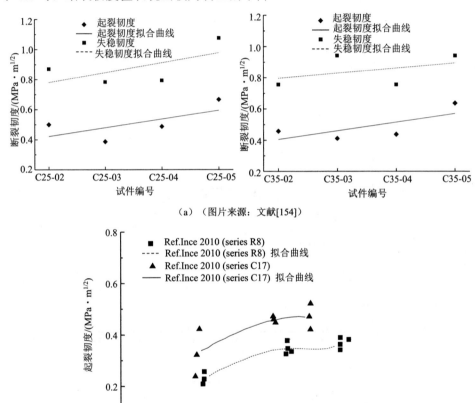

（a）（图片来源：文献[154]）

（b）（图片来源：文献[155]）

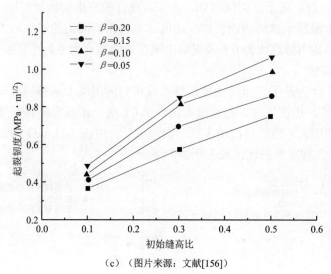

（c）　（图片来源：文献[156]）

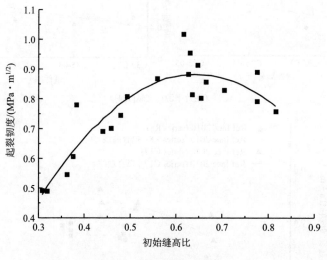

（d）　（图片来源：文献[158]）

图 3-11　文献中有关初始缝高比与断裂韧度关系曲线

　　基于上述分析，需要在本章研究基础上，增大初始设计缝高比，开展进一步研究工作。

3.2.2.5　静动态断裂韧度转化

　　通过 3.2.2.4 节的分析，混凝土失稳断裂韧度主要由试件破坏时的荷载值来决定，在 2.1.3.2 节中给出了静动态轴拉强度值之间的转化方程：

$$\frac{\overline{f}}{f_{st}} = 1 + 0.0879 \lg\left(\frac{\dot{\varepsilon}}{\dot{\varepsilon}_{st}}\right) \tag{3-4}$$

将式（3-4）用荷载值进行表述，可得

$$\frac{\overline{F}}{F_{st}} = 1 + 0.0879 \lg\left(\frac{\dot{\varepsilon}}{\dot{\varepsilon}_{st}}\right) \tag{3-5}$$

式中，F_{st} 为拟静态荷载值；$\overline{F}$ 为动态荷载值。

混凝土轴向拉伸静动态失稳荷载转化方程为

$$\overline{F} = F_{st} + 0.0879 F_{st} \lg\left(\frac{\dot{\varepsilon}}{\dot{\varepsilon}_{st}}\right) \tag{3-6}$$

将式（3-6）进一步简化，可得

$$\overline{F} = \sigma_D F_{st} \tag{3-7}$$

将式（3-7）代入式（3-2），可得混凝土轴向拉伸静动态断裂韧度转化方程为

$$K_D = \frac{1.5\left(\sigma_D F_{max} + \dfrac{mg}{2} \times 10^{-2}\right) \times 10^{-3} \cdot S \cdot a_0^{1/2}}{th^2} f(\alpha) \tag{3-8}$$

式中，K_D 为动态断裂韧度；$\sigma_D = 1 + 0.0879 \lg\left(\dfrac{\dot{\varepsilon}}{\dot{\varepsilon}_{st}}\right)$。

3.3　本　章　小　结

本章对不同初始损伤以及不同初始裂缝宽度的混凝土试件进行了轴拉试验，主要得到了如下结论：

（1）初始循环次数越多，即初始损伤程度越严重，混凝土棱柱体动态破坏断面越整齐，且破坏断面粗骨料数目越多；随着初始循环数的增加，混凝土棱柱体试件中的微裂缝有所发展，并有不可恢复变形的发生，且随着循环次数的增加，不可恢复变形的幅值也逐步增加。

（2）经过初始损伤之后，混凝土棱柱体试件动态拉伸应力-应变关系曲线上升段变化规律没有明显特征。由于本章试验设计初始损伤程度相对较小，因此，试验结果表明初始损伤对混凝土棱柱体试件动态轴向拉伸强度值和峰值应变影响不大。后续试验中，初始损伤程度的设计应充分考虑混凝土试件动态拉伸强度值。

（3）区别于动态拉伸混凝土试件断裂破坏现象，初始预制裂缝的存在，使得动态循环加载过程中，混凝土棱柱体试件裂缝有充足的时间沿砂浆和粗骨料界面扩展，被拉断的粗骨料明显减少。

（4）随着初始预制裂缝宽度的增加，混凝土棱柱体试件动态轴向拉伸应力强度值逐渐减低，并近似呈线性关系；随着循环荷载的施加，带初始预制裂缝混凝土棱柱体试件应力-应变表现出良好的线性关系，随着荷载的增大，卸载时有越来越多不可恢复的变形发生，弹性模量也有降低的趋势；随着初始设计缝高比的增加，混凝土动态断裂韧度呈增加趋势，当缝高比从 0.2 变化到 0.5 时，对应混凝土动态断裂韧度值增加了 41.40%。

（5）推导了混凝土轴向拉伸试件静动态断裂韧度转化方程。

4 基于声发射技术的混凝土动态轴拉特性研究

混凝土的损伤破坏一直以来都是工程界所研究的问题，国内外众多学者从不同的角度分析了混凝土材料内部损伤[160,161]。近年来，随着声发射技术的迅速发展，该技术能够接收材料内部的实时变化情况，达到实时监测材料内部损伤程度与快慢的目的[162,163]，使得众多学者基于声发射技术研究混凝土损伤断裂破坏过程。胡伟华等[164]基于声发射技术的混凝土动态单轴压缩试验，研究了混凝土在循环加卸载条件下的损伤特性及损伤演化规律。Suzuki 等[165]基于声发射速率过程理论对混凝土桥墩的损伤情况进行定量评估，论证了声发射技术监测桥梁结构的可行性。Carpinteri 等[166]应用声发射技术监测钢筋混凝土结构和石材古建筑，得出压应力和声发射累计数随时间的变化曲线，用声发射技术识别钢筋混凝土结构和砌体建筑物的缺陷和损伤。作者及所在课题组，通过混凝土的三点弯曲梁试验发现通过声发射信号可以判断混凝土断裂中的起裂点和失稳点，建立了基于声发射参量混凝土损伤本构关系[167]。利用声发射无损检测技术，分析了混凝土三点弯曲梁试件裂缝扩展发生偏移和钢筋混凝土三点弯曲梁破坏荷载循环增减等特殊试验现象存在的客观性[168]。另外，采用声发射参数曲线将混凝土和钢筋混凝土三点弯曲梁断裂破坏过程分为 6 个阶段，并联合声发射振铃计数时间曲线、能量时间曲线的突变，或者振铃计数时间、累计能量时间曲线的转折点准确判断混凝土和钢筋混凝土三点弯曲梁的起裂荷载和失稳荷载[169]。

参考相关学者研究内容，基于作者已有研究基础，通过开展不同初始静载、不同初始损伤、不同初始预制裂缝混凝土棱柱体试件动态轴向拉伸声发射试验，研究混凝土棱柱体试件遭受初始静载和不同程度初始损伤之后的声发射特性，并针对初始预制裂缝混凝土棱柱体试件研究混凝土轴心受拉声发射凯塞效应（Kaiser effect）。

4.1 动态拉伸声发射试验概况

4.1.1 试件设计

本次动态拉伸声发射试验试件采用前两章所用混凝土棱柱体试件，试件尺寸大小为 100 mm×100 mm×510 mm。

本试验所用声发射为美国物理声学公司研制的 SAMOS™ 八通道声发射测试

系统，该系统采用现代数字信号处理技术，是目前国际上先进的声发射处理系统。它的基本工作原理是：材料或结构在受到外部或内部作用时会发生变形或断裂，释放出应变能，以弹性波的形式在材料中传播，引起被检测试件表面的振动，当这些振动传播到耦合在试件上的传感器时，传感器表面晶体因此产生变形，同时其表面会出现电荷，然而在电场的作用下，芯片会产生弹性变形，发生压电效应。该压电效应将试件表面的振动转换成电压信号，再通过仪器放大处理后以参数或者波形的形式表现出来，便于信号处理。声发射仪器工作范围包括声电转换、信号放大、信号处理、数据的记录、显示、解释与评定等。

　　为了使传感器接收更加优质的声发射信号，并避免外界干扰，在声发射传感器布置前，用砂纸在传感器布置的地方打磨光滑，并涂上凡士林作为耦合剂，按照图 4-1 所示的布置方式在试件两侧布置 4 个传感器（试件对面两两对称布置），形成三维空间定位，并用胶带将声发射传感器固定在试件表面以防脱落。

图 4-1　声发射传感器布置图

　　在试验过程中，不可避免会出现噪声。可以通过两种办法去除环境噪声，一种是设置门槛值，另一种是设置滤波频率。对于本次的三点弯曲梁声发射试验，由于受力状态单一，破坏特征明显，故采用高灵敏度的门槛值来排除内部缺陷的干扰。通过空采和混凝土损伤声发射频率段，本次声发射试验门槛值设置为 40 dB，滤波频率为 20~100 kHz。在试件的初始损伤阶段，声发射信号比较微弱，通过设置增益来提高信号的强度。

4.1.2 声发射参数

声发射技术常用的基本参数有：上升时间、振铃计数、持续时间、幅度、能量等。

图 4-2 表示声发射振铃计数法的基本原理。设置某一阈值电压，振铃波形超过这个阈值电压的部分形成矩形脉冲，此脉冲即为振铃计数的触发信号。将超过阈值电信号的每一个振荡波视为一个振铃计数。粗略反映信号强度和频度，广泛用于声发射活动性评价，但振铃计数受门槛值的影响。

上升时间是指声发射信号第一次越过门槛值至最大振幅所经历的时间间隔，以 μs 表示。

持续时间是指声发射信号第一次越过门槛值到最终降至门槛值所经历的时间间隔，以 μs 表示。持续时间与振铃计数较为相近。

幅度是指事件信号波形的最大振幅值，通常用 dB 表示，其直接决定事件的可测性，常用于波源的类型鉴别、强度及衰减的测量。

能量是指事件信号波包络线下的面积，主要用于反映事件的相对能量或强度，对声发射波的传播特性不甚敏感。可取代振铃计数，也用于波源的类型鉴别。

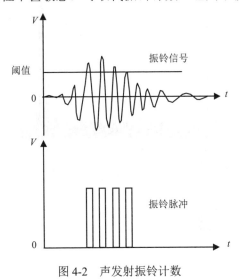

图 4-2　声发射振铃计数

4.1.3　声发射试验步骤

混凝土动态轴向拉伸声发射试验过程如下：

（1）按照混凝土试件成型和养护方法的有关规定制作和养护混凝土试件，并对试件进行编号，混凝土三点弯曲梁试件进行声发射测试时其养护龄期不小于 60 d；

（2）试验前，将混凝土棱柱体试件擦拭干净，并将粘贴声发射传感器的位置打磨干净，连接好声发射采集系统；

（3）按照规范要求，在声发射传感器粘贴位置处涂上凡士林做耦合剂，并将声发射传感器粘贴到试件表面，且保证声发射传感器和混凝土试件表面垂直；

（4）将声发射传感器连接到采集系统，进行声发射传感器"断铅"标定，确保声发射传感器可以采集到信号，以验证声发射系统的门槛值和波速值；

（5）启动试验装置，开始试验，采集整个试验过程所产生的声发射信号，直到棱柱体混凝土试件被拉断，结束试验。

4.2 基于声发射技术的混凝土动态轴位试验结果分析

4.2.1 不同初始静载声发射试验结果与分析

图 4-3~图 4-7 分别给出了初始静态荷载为 0、5 kN、10 kN、15 kN、20 kN 共计 5 组混凝土棱柱体试件动态轴向拉伸作用下，声发射振铃计数、能量、幅值、上升时间、持续时间与荷载历程关系曲线。

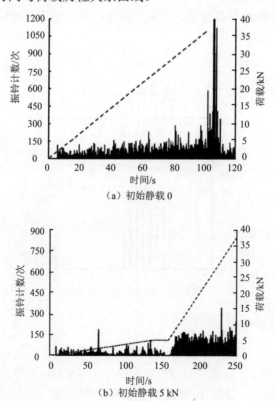

（a）初始静载 0

（b）初始静载 5 kN

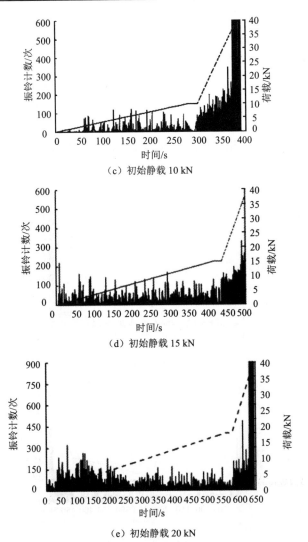

（c）初始静载 10 kN

（d）初始静载 15 kN

（e）初始静载 20 kN

图 4-3　不同初始静载混凝土动态拉伸试验声发射振铃计数与荷载历程关系曲线

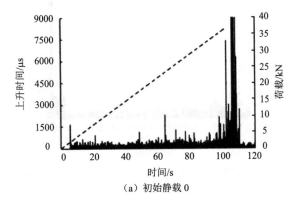

（a）初始静载 0

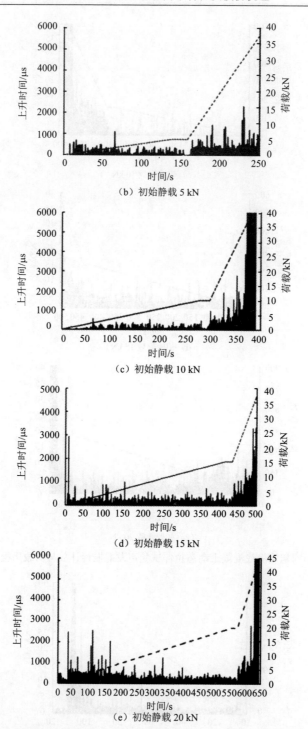

（b）初始静载 5 kN

（c）初始静载 10 kN

（d）初始静载 15 kN

（e）初始静载 20 kN

图 4-4　不同初始静载混凝土动态拉伸试验声发射上升时间与荷载历程关系曲线

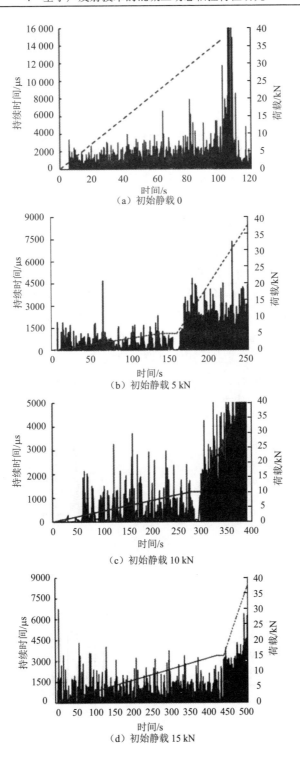

（a）初始静载 0

（b）初始静载 5 kN

（c）初始静载 10 kN

（d）初始静载 15 kN

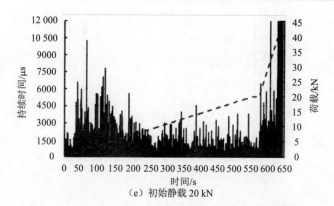

（e）初始静载 20 kN

图 4-5　不同初始静载混凝土动态拉伸试验声发射持续时间与荷载历程关系曲线

由图 4-3~图 4-7，不同初始静态荷载混凝土动态轴向拉伸试验声发射振铃计数、上升时间、持续时间、能量、幅值与荷载历程关系曲线可知，混凝土棱柱体试件从拟静态荷载经过稳定阶段转变为动态荷载时，声发射信号发生明显的突变，即相对于拟静态荷载，当混凝土遭受动态荷载时，其内部损伤程度急剧增加，且随着初始拟静态荷载值的增加，混凝土动态荷载作用下，声发射参量增加速率逐渐降低。分析原因，主要是由于初始拟静态荷载值越大，混凝土试件内部损伤程

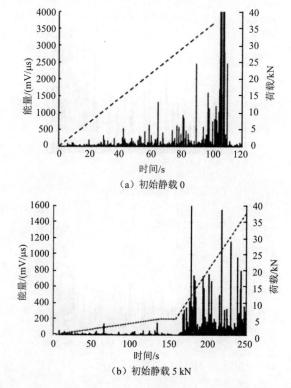

（a）初始静载 0

（b）初始静载 5 kN

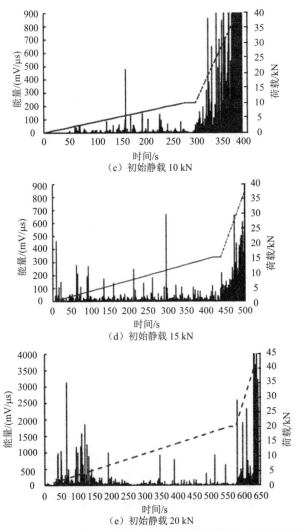

（c）初始静载 10 kN

（d）初始静载 15 kN

（e）初始静载 20 kN

图 4-6　不同初始静载混凝土动态拉伸试验声发射能量与荷载历程关系曲线

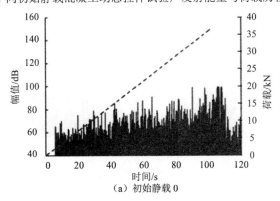

（a）初始静载 0

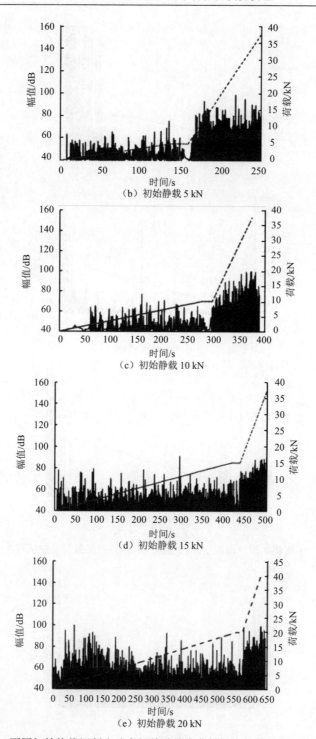

图 4-7 不同初始静载混凝土动态拉伸试验声发射幅值与荷载历程关系曲线

度越严重，当荷载值稳定的时候，混凝土试件内部的损伤程度不断积累并增加，可承受的剩余损伤量将逐渐降低，因此，荷载值由拟静态过渡到动态时，声发射信号相对拟静态荷载变化速率逐渐降低。

进一步分析可以发现，随着初始拟静态荷载值的增加，在荷载值由拟静态转化为动态荷载之间的稳定阶段，混凝土试件声发射信号变化规律明显不同。主要表现为初始拟静态荷载值越大，荷载稳定阶段声发射信号和拟静态荷载产生的声发射信号越接近，越难以由声发射信号区分荷载的稳定阶段。分析原因，可能是由于初始拟静态荷载值越大，混凝土试件内部遭受损伤程度将越严重，由于惯性作用，损伤量越大，混凝土内能量释放时间将越长，因此，当荷载稳定的时候，初始拟静态荷载值越大，荷载稳定阶段产生声发射信号也越多，这一现象说明混凝土的损伤具有滞后效应，损伤程度越大，滞后效应越明显[170]。

4.2.2　不同初始损伤声发射试验结果与分析

图 4-8~图 4-12 分别给出了不同荷载循环次数（不同初始损伤）1000 次、2000 次、5000 次、10 000 次、20 000 次下，混凝土棱柱体试件动态轴向拉伸作用下，声发射上升时间、振铃计数、能量、持续时间与荷载历程关系曲线。

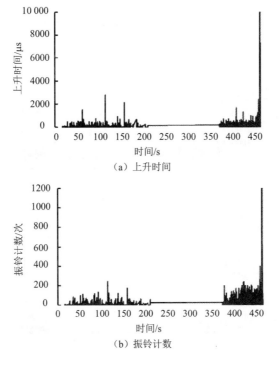

（a）上升时间

（b）振铃计数

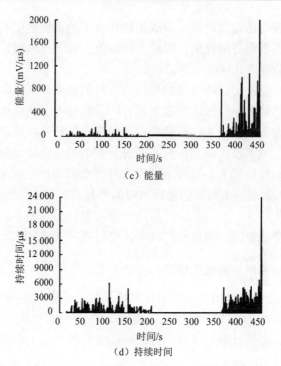

（c）能量

（d）持续时间

图4-8 不同初始损伤（1000次）混凝土动态拉伸声发射参量与荷载历程关系曲线

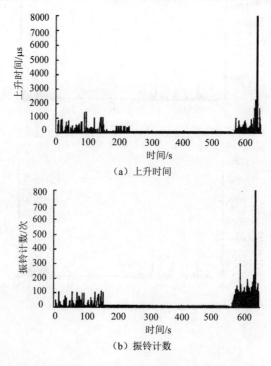

（a）上升时间

（b）振铃计数

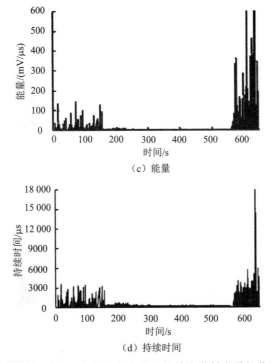

（c）能量

（d）持续时间

图 4-9　不同初始损伤（2000 次）混凝土动态拉伸声发射参量与荷载历程关系曲线

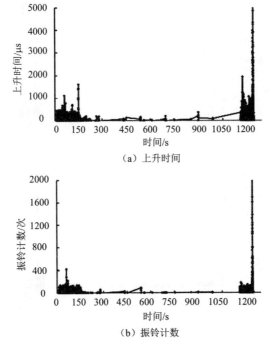

（a）上升时间

（b）振铃计数

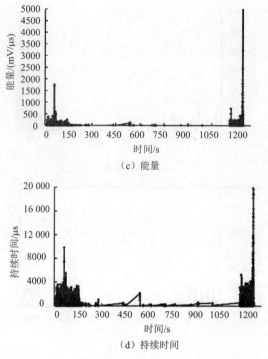

（c）能量

（d）持续时间

图4-10 不同初始损伤（5000次）混凝土动态拉伸声发射参量与荷载历程关系曲线

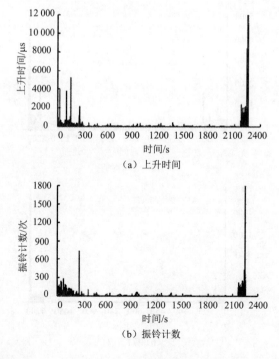

（a）上升时间

（b）振铃计数

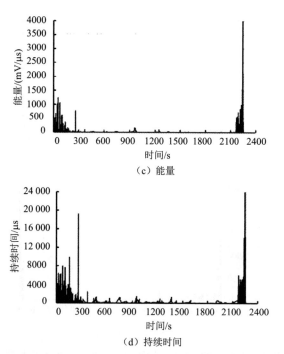

（c）能量

（d）持续时间

图 4-11　不同初始损伤（10 000 次）混凝土动态拉伸声发射参量与荷载历程关系曲线

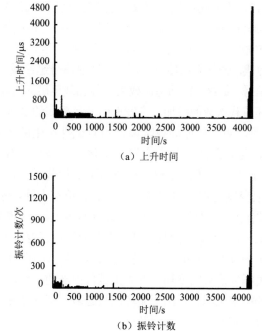

（a）上升时间

（b）振铃计数

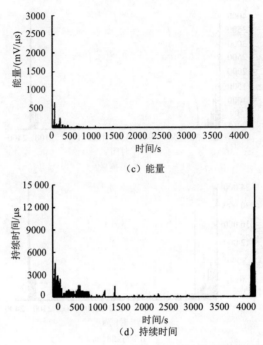

（c）能量

（d）持续时间

图 4-12　不同初始损伤（20 000 次）混凝土动态拉伸声发射参量与荷载历程关系曲线

　　由图 4-8~图 4-12，不同初始损伤混凝土动态轴向拉伸试验声发射上升时间、振铃计数、能量、持续时间与荷载历程关系曲线可知，混凝土棱柱体试件初始预加载阶段，即产生一定的声发射信号，说明声发射可以精确捕捉到混凝土试件内部的微弱损伤。经过初始预加静载，转化为循环荷载后，声发射信号迅速减少，多数情况下，没有发生任何声发射信号。最终，以动态荷载将试件加载至破坏阶段时，产生明显声发射信号，且随着循环荷载次数的增加，声发射信号呈减弱的趋势。

　　进一步分析发现，初始预加静载阶段，所有试件产生的声发射信号均相对一致。循环荷载阶段，尽管最大荷载没有发生变化，但是仍然有部分试件产生声发射信号，依据 Kaiser 效应，试件加载、卸载后再次加载时，荷载在未超过前次加载的最大荷载时，很少发生声发射现象。本次试验稍有不同，分析原因可知，荷载循环阶段，混凝土试件内部损伤不断增加，当损伤程度超过上一循环时，将会发生声发射信号，即 Kaiser 效应主要由混凝土试件内部的损伤程度决定，而非施加荷载值来决定。由图 4-8 至图 4-12 可知，循环荷载次数越多，循环阶段，声发射发生的可能性越大，由于随着循环次数的增加，混凝土试件内部的损伤程度不断积累并增加，故声发射信号产生的概率也越大。由于循环次数越多，试件遭受的损伤程度越严重，因此，动态加载阶段，声发射信号便逐渐减少。

4.2.3　不同初始预制裂缝声发射试验结果与分析

4.2.3.1　带裂缝混凝土试件动态拉伸声发射信号基本特性

以中央带初始裂缝宽度为 20 mm，即缝高比为 0.2 的混凝土棱柱体试件为研究对象，中央带预制裂缝混凝土棱柱体试件动态轴向拉伸试验声发射振铃计数、上升时间、持续时间、能量、幅值与荷载历程关系曲线如图 4-13~图 4-17 所示。

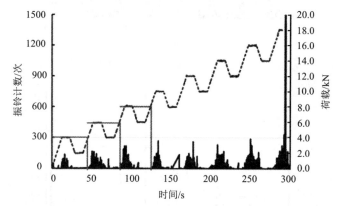

图 4-13　带裂缝混凝土动态拉伸试验声发射振铃计数与荷载历程关系曲线

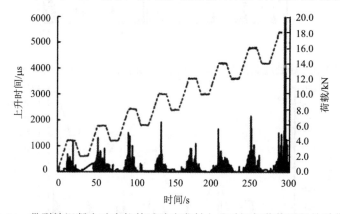

图 4-14　带裂缝混凝土动态拉伸试验声发射上升时间与荷载历程关系曲线

由图 4-13 至图 4-17 可知，随着混凝土棱柱体试件动态荷载的变化，声发射信号（振铃计数、上升时间、持续时间、能量、幅值）均表现出一致的变化规律。动态荷载增加阶段，声发射信号持续产生，荷载稳定阶段，由于损伤需要时间累积，故仍然有声发射信号产生，动态荷载降低阶段，声发射信号持续减弱，更多情况下不发生声发射信号。当动态荷载经过降低并稳定一段时间继续增加时，声发射信号产生规律发生巨大变化，不同于第一个动态加载循环，开始加载便有声

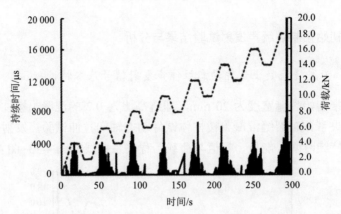

图 4-15　带裂缝混凝土动态拉伸试验声发射持续时间与荷载历程关系曲线

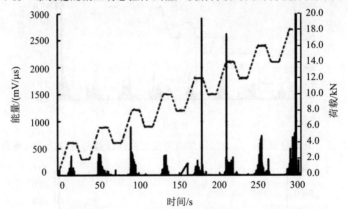

图 4-16　带裂缝混凝土动态拉伸试验声发射能量与荷载历程关系曲线

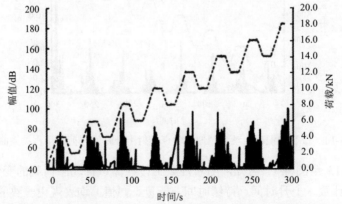

图 4-17　带裂缝混凝土动态拉伸试验声发射幅值与荷载历程关系曲线

发射信号产生，而是动态荷载增加到一定程度后，才出现声发射信号。以图 4-13 为例，为了更加准确表述声发射变化规律，在图中绘出了 3 条折线，混凝土棱柱体动态加载的第二个循环中，随着动态荷载的增加，并没有很快产生声发射信号，而是当第二个循环动态荷载值达到并超过第一个循环荷载最大值之后，才出现明显的声发射信号，依次类推，在第三个、第四个……第 n 个循环荷载降低和降低后的稳定阶段，均没有产生明显的声发射信号，只有下一个动态循环荷载超过前一个动态荷载最大值之后，才出现明显的声发射信号。对比混凝土静态循环荷载破坏时的声发射信号特征[171]，循环动态荷载作用下，混凝土棱柱体试件声发射信号同样具有明显的 Kaiser 效应。

4.2.3.2 初始裂缝宽度对 Felicity 比的影响

中央带不同宽度预制裂缝（20 mm、30 mm、40 mm、50 mm）混凝土棱柱体试件动态轴向拉伸试验声发射振铃计数、上升时间、持续时间、能量、幅值与荷载历程关系曲线如图 4-18~图 4-22 所示。

由图 4-18~图 4-22 可知，混凝土棱柱体动态轴向拉伸声发射振铃计数、上升时间、持续时间、能量、幅值均表现出明显的 Kaiser 效应。由于 Kaiser 效应仅能定性描述，为此，Felicity 在研究复合材料的声发射特性时发现，复合材料在循环加载过程中，声发射过程的不可逆程度同材料在前期荷载作用下所产生的损伤程度有关。在较高的应力水平下，损伤较严重时，Kaiser 效应失效，当前应力小于前期所受过的最高应力水平时声发射就开始显著增多，即出现 Felicity 效应。

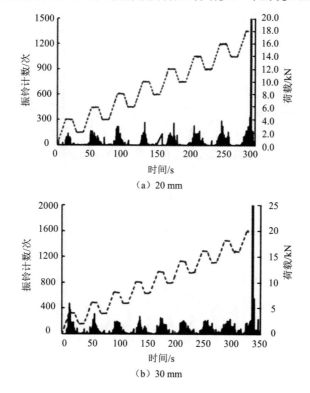

（a）20 mm

（b）30 mm

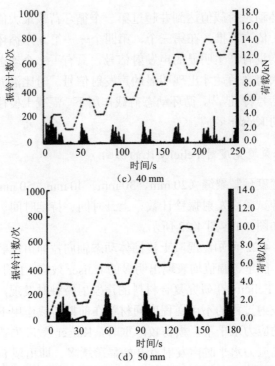

（c）40 mm

（d）50 mm

图 4-18　不同裂缝宽度混凝土动态拉伸试验声发射振铃计数与荷载历程关系曲线

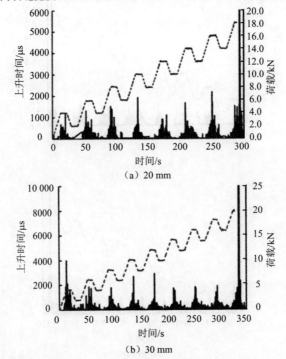

（a）20 mm

（b）30 mm

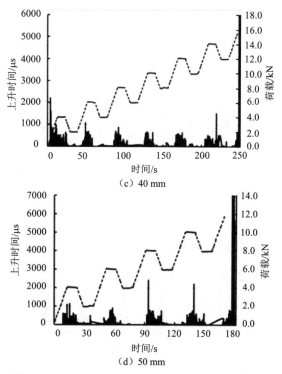

（c）40 mm

（d）50 mm

图 4-19　不同裂缝宽度混凝土动态拉伸试验声发射上升时间与荷载历程关系曲线

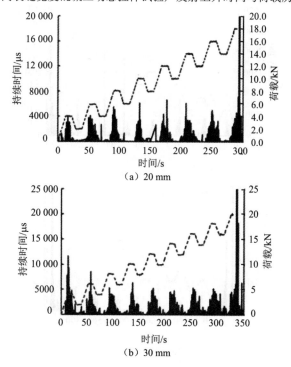

（a）20 mm

（b）30 mm

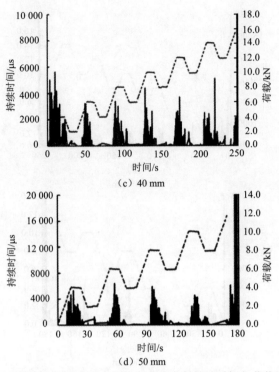

（c）40 mm

（d）50 mm

图 4-20　不同裂缝宽度混凝土动态拉伸试验声发射持续时间与荷载历程关系曲线

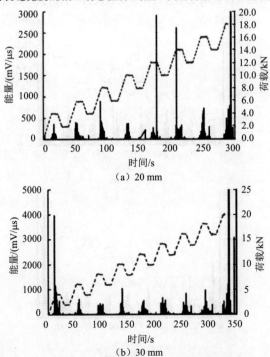

（a）20 mm

（b）30 mm

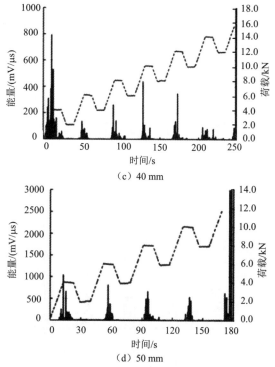

（c）40 mm

（d）50 mm

图 4-21 不同裂缝宽度混凝土动态拉伸试验声发射能量与荷载历程关系曲线

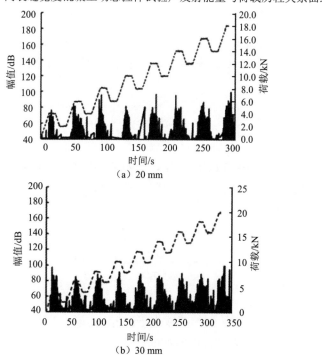

（a）20 mm

（b）30 mm

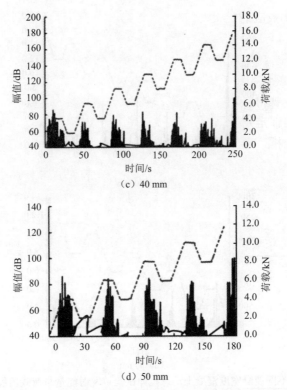

（c）40 mm

（d）50 mm

图 4-22　不同裂缝宽度混凝土动态拉伸试验声发射幅值与荷载历程关系曲线

在往复加载过程中，不同循环声发射的不可逆程度是不一样的。这种不可逆程度可用不可逆比表示。每一循环中，声发射过程的不可逆比（又称为 Felicity 比）定义为[172]

$$FR_i = \frac{\sigma_{i+1}}{\sigma_i} \tag{4-1}$$

式中，FR_i 为第 i 循环中的 Felicity 比；σ_i 为第 i 次加载所达到的应力水平；σ_{i+1} 为第 $i+1$ 次加载过程中恢复有效声发射时的应力水平。

FR_i 又可表示为

$$FR_i = \frac{\sigma_{i+1}}{\sigma_i} = \frac{\dfrac{F_{i+1}}{A}}{\dfrac{F_i}{A}} = \frac{F_{i+1}}{F_i} \tag{4-2}$$

式中，F_i 为第 i 次加载所达到的荷载水平；F_{i+1} 为第 $i+1$ 次加载过程中恢复有效声发射时的荷载水平；A 为试件的截面面积。

根据 Kaiser 效应的定义，只有当 FR_i=1 时，Kaiser 效应才是严格有效的，而当 FR_i<1 时，可以认为 Kaiser 效应失效。

但由于试验总会出现一定的误差，因此在 Kaiser 效应研究领域，研究者一般认为只要 Felicity 比不小于 0.90，Kaiser 效应依然有效。Felicity 比作为一种定量参数，较好地反映材料中原先所受损伤或结构缺陷的严重程度，可以作为材料缺陷严重性的重要评定判据。

通过上述分析，表 4-1 给出了中央带不同预制裂缝宽度混凝土棱柱体试件轴向拉伸 Felicity 比。

根据表 4-1，图 4-23 给出了混凝土棱柱体试件轴向动态拉伸声发射 Felicity 比与中央带预制裂缝宽度变化曲线。

表 4-1 不同裂缝宽度混凝土动态拉伸 Felicity 比

循环次数	20 mm	30 mm	40 mm	50 mm
1	1.08	1.21	1.22	1.35
2	1.06	1.22	1.15	1.23
3	1.07	1.12	1.14	1.21
4	1.08	1.12	1.14	1.17
5	1.02	1.12	1.07	—
均值	1.06	1.16	1.14	1.24

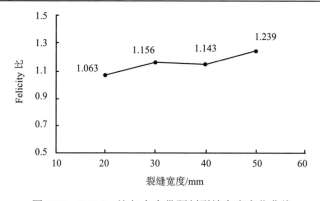

图 4-23 Felicity 比与中央带预制裂缝宽度变化曲线

由图 4-23 可知，随着预制裂缝宽度的增加，Felicity 比呈增加趋势。采用本章循环加载方式时，荷载超过上一循环最大值之前，有足够的时间使得混凝土内部的损伤得到充分发展。因此，在下一循环荷载值达到前一循环的最大值之前，混凝土试件不会产生声发射信号。对于预制裂缝相对较宽的混凝土试件，由于混凝土结构内部遭受损伤程度更加严重，产生声发射信号的时间较上一次将逐渐推迟，故 Felicity 比逐渐增大。

4.3　本　章　小　结

本章对不同初始静载、不同初始损伤、不同宽度初始预制裂缝混凝土棱柱体试件动态轴向拉伸声发射试验中的声发射现象进行了分析,得到的主要结论如下:

（1）随着初始拟静态荷载值的增加,混凝土动态荷载作用下,声发射参量增加速率逐渐降低。

（2）初始拟静态荷载值越大,越难以由声发射信号区分荷载的稳定阶段,混凝土损伤滞后效果越明显。

（3）Kaiser 效应主要由混凝土试件内部的损伤程度决定,并非由施加荷载值来决定。

（4）初始循环次数越多,试件遭受的损伤程度越严重,动态加载阶段,声发射信号就越少。

（5）循环动态荷载作用下,轴向拉伸混凝土棱柱体试件声发射信号具有明显的 Kaiser 效应。

（6）动态轴向循环荷载作用下,随着初始预制裂缝宽度的增加,混凝土棱柱体试件 Felicity 比逐渐增大。

5 不同应变幅循环荷载下混凝土力学特性

从 20 世纪 60 年代开始，学者就对混凝土在循环荷载下的响应开展了研究工作[9,14,63-65]。Sinha 等[9]通过研究混凝土在往复压缩荷载下的应力-应变关系，首先提出了往复荷载下混凝土应力-应变曲线存在唯一包络线的概念。唯一包络线的概念在此后混凝土往复加载试验中得到认可并被广泛应用于相关理论研究中，并在此基础上建立了压缩往复荷载下混凝土的本构模型[63,65,66]。然而，由于轴拉试验技术难度大，往复轴拉试验的实现更加困难，因此，相关研究非常少见。为了研究应变幅和应变速率对混凝土往复拉伸力学性能的影响，本章主要开展了不同应变幅和不同应变速率的循环轴拉试验。得到了不同应变幅和不同应变率的轴拉单调应力-应变全曲线和循环应力-应变曲线。揭示了混凝土在轴拉往复荷载下塑性应变、完全重加载应变、初始弹性模量和应力衰减的变化规律。

5.1 循环加载路径的分类及试验方案

5.1.1 循环加载路径的分类

混凝土作为一种非线弹性复合材料，其力学性能受加载路径的影响。往复荷载作用下混凝土材料在刚度和强度方面都会发生明显衰减，且伴随塑性变形不断累积。

混凝土材料在水泥硬化过程中会产生收缩裂缝造成初始损伤，在荷载作用下裂纹会进一步扩展，因此，混凝土材料的力学性能不仅受短期荷载的影响，还受长期和循环荷载作用的影响。循环荷载不同于单调荷载，无论是荷载水平还是荷载速率通常都比较随机，即加载路径较复杂。在对这种复杂加载路径下混凝土的力学特性进行研究之前，首先应该对加载路径进行分类。混凝土的破坏通常有两种方式，一种是在荷载作用下裂纹缓慢发展，形成局部裂缝，此时，混凝土依然能够承受部分荷载作用，这种破坏方式通常表现为裂纹扩展充分，破坏时变形较大；另一种方式是在较高的外荷载水平的反复作用下突然发生破坏，在这种荷载作用下混凝土内部裂缝快速发展，内部损伤很快达到混凝土结构无法继续承受此水平下的荷载作用的程度，从而发生突然失效破坏，这种破坏方式通常裂缝开展不完全，破坏时变形较小。根据上述破坏方式在实验室模拟破坏过程可以分别通过应变和荷载控制方式实现，一类是能够反映混凝土整个破坏过程（包含下降段的应力-应变曲线）的应变控制的循环加载路径，另一类是荷载水平较高的应力控制的循环加载路径，不能反映混凝土整个破坏过程（应力-应变曲线不包含下降段）。

上述两种加载路径又会受应变幅/应力幅、加载速率和不同应变幅/应力幅加载次序的影响，因此，对两类加载路径进行细分。应变控制的不同应变幅循环加载路径分为以下几种典型的加载工况：①加载至包络线的往复加载，这种试验方法是为了研究包络线的形状，加、卸载曲线形状随循环加载过程的变化，以及加、卸载过程中应变、弹性模量之间的关系。一般加载至包络线开始卸载，卸载至应力为零开始再加载。②等间隔应变的往复加载，与加载至包络线的试验目的基本相同，此外，还能研究应变增幅对混凝土往复力学特性的影响。③加载至固定应变的往复加载，主要目的与加载至包络线相同，除此之外，还能够通过试验研究应变幅对混凝土循环力学性能的影响。④考虑压应力的应变幅变化的循环轴拉荷载路径，主要目的为了研究反向荷载对混凝土轴拉循环力学特性的影响。⑤在上述几种典型的加载路径下，改变应变率从而使加载路径发生变化。以改变应变幅或应变率的试验过程需要通过应变控制的方式加载。①、②、③三种加载路径主要是改变应变幅的大小，属于同一类加载路径，可以放在一起研究，是本章前半部分的主要研究内容，在以上三种加载路径的基础上改变加载速率，即加载路径⑤是本章后半部分的研究内容。加载路径④作用下混凝土表现出的力学特性较复杂，单独在第 6 章进行研究。

应力（荷载）控制的循环加载首先根据应力幅的不同，可以分为常应力幅循环加载路径和多级常应力幅循环加载路径，在上述两种加载路径下改变应力幅、加载频率或不同应力幅的加载次序也会改变加载路径，这种荷载工况放在第 7 章研究。

5.1.2 不同应变幅循环试验

5.1.2.1 试样制备

试验所用的混凝土试件为普通混凝土，配比如表 5-1 所示。胶凝材料为 P·O42.5 级水泥和二级粉煤灰，砂子粒径分布符合 ASTM C33（2004）规范，粗骨料采用最大粒径为 20 mm 的花岗岩碎石。水为实验室自来水，并掺入高效聚羧酸减水剂。试验前准备试模，试模是内径为 73 mm 的 PVC 管，切割成长 250 mm 的短圆管，一端用透水模布封底。由于管径较小，混凝土浇筑成型难度大，选择具有透水透气特性的透水模布作为试模封底，新拌混凝土浇筑在 PVC 管内置于振动台上振动，在透水模布的辅助作用下，能够保证混凝土试块的浇筑质量。试件成型两天后拆模，置于水中养护 28 d。在试验之前，用双刀岩石切割机将混凝土两端部切掉，切好的试件为直径 73 mm、高 146 mm 的圆柱体。试验之前，将自制的与试件等直径的钢盘用结构胶粘贴在试件的两端，待胶固化试件与钢盘形成一个整体。结构胶的拉伸强度为 10 MPa，远大于混凝土试件的拉伸强度，能够保证试验的成功。准备好的混凝土试件通过可以自由旋转的球铰装置与试验机连接，如图 5-1 所示。

表 5-1　普通水工混凝土各材料用量　　　　（单位：kg/m³）

水	水泥	砂子	石子	粉煤灰	减水剂
205	328	668	1089	82	2.05

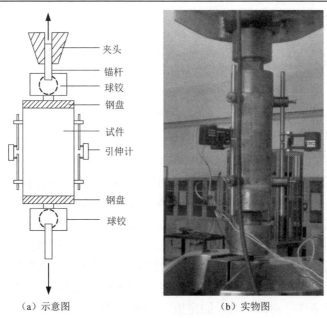

（a）示意图　　　　　　　　　　（b）实物图

图 5-1　循环拉伸试验装置图

5.1.2.2　加载路径

根据 5.1.1 节对加载路径的分类，改变应变幅的加载路径可以细分为以下几种，包括：①单调加载（monotonic，用 M 表示）；②循环到包络线（cycles to envelope curve，用 CEN 表示）；③常应变增幅加载（cycles with constant strain increment，用 CSI 表示），卸载到应力接近 0；④常应变增幅加载（cycles with constant strain increment，用 CSI′表示），卸载到应力不为 0；⑤循环时加载至一固定的最大应变（cycles with constant maximum strain amplitude，用 CMS 表示）；⑥循环时加载到不同的最大应变（cycles to variable maximum strain amplitude，用 VMS 表示）。路径示意图如图 5-2 所示。

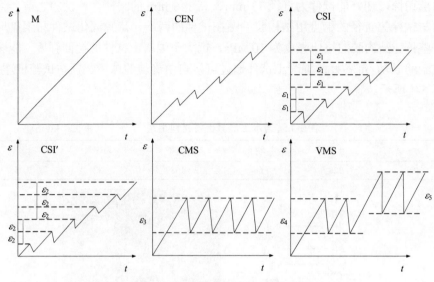

图 5-2　不同应变幅的循环加载路径

5.1.2.3　试验方法

试验采用闭合回路 MTS322 电液伺服试验机。试件表面固定三个标距为 140 mm 的引伸计，引伸计平均分布在试件圆周上，测试三个引伸计的变形平均值除以标距得到混凝土在整个试件范围内的应变。荷载和变形数据通过数据采集系统采集并保存至电脑中，试验测得的荷载和变形数据作为反馈信号控制试验加载过程。选择试验控制方式的依据是与试验结束条件的控制方式相同，例如在本章试验加载路径结束条件是应变为某一固定值，因此加载控制方式为应变控制，而卸载路径结束条件是荷载为某一固定值，因此卸载路径的控制方式为荷载控制。数据采集频率可以根据试验需要的数据进行手动设置。所有的试验按照设定的试验程序进行。

本章为了系统研究不同加载路径下混凝土的往复拉伸力学特性，设计了两个试验方案展开相关研究：方案一主要研究不同加载工况下的轴拉往复力学特性，方案二考虑应变率对各加载路径下混凝土的往复轴拉力学特性的影响。

试验方案一所有的试件加载方式及其基本的特征参数列于表 5-2。

试验方案二研究三种应变率对三种往复加载工况力学特性的影响，应变率分别为 1 με/s、5 με/s 以及 10 με/s，具体试验方案如表 5-3 所示。此外，以相同的应变速率进行了单调拉伸试验，以便分析不同应变率下混凝土往复应力-应变曲线包络线与单调拉伸全曲线的关系。对于单调加载，每个应变率下进行 3 次试验。对于循环加载试验，每种加载路径和应变率下，保证至少试验成功一次。

表 5-2　试验方案一（不同加载路径往复轴拉试验）

试件编号	加载方式	f_t/MPa	ε_t/$\mu\varepsilon$	E/GPa
M1	单调加载	3.38	99.8	39.6
M2	单调加载	2.93	95.8	38.2
M3	单调加载	2.93	88.5	38.4
CEN1	加载至包络线	3.53	104.1	38.0
CEN2	加载至包络线	2.98	80.4	39.8
CSI60	等应变幅加载	3.05	89.9	40.1
CSI′30	等应变幅加载，不完全卸载	2.92	87.6	41.6
CMS120	最大应变 120 $\mu\varepsilon$	2.89	95.2	40.1
CMS230	最大应变 230 $\mu\varepsilon$	3.35	98.4	40.9
VMS	变应变幅加载	3.24	89.6	41.8

表 5-3　试验方案二（不同应变率往复轴拉试验）

试件编号	$\dot{\varepsilon}$/($\mu\varepsilon\cdot s$)	加载方式
M1-1	1	单调加载
M2-5	5	单调加载
M3-10	10	单调加载
CEN1-1	1	循环至包络线
CEN2-5	5	循环至包络线
CEN3-10	10	循环至包络线
CSI50-1	1	每次循环应变增加 50 $\mu\varepsilon$
CSI30-5	5	每次循环应变增加 30 $\mu\varepsilon$
CSI60-10	10	每次循环应变增加 60 $\mu\varepsilon$
CMS120-1,CMS130-1	1	每次循环最大应变为 120/130 $\mu\varepsilon$
CMS100-5,CMS120-5	5	每次循环最大应变为 100/120 $\mu\varepsilon$
CMS120-10,CMS230-10	10	每次循环最大应变为 120/230 $\mu\varepsilon$

5.2　不同应变幅循环加载路径下混凝土力学特性

5.2.1　破坏模式

　　图 5-3 所示为直接拉伸试验中试件的破坏图。可以观察到，断裂位置随机分布在圆柱体混凝土试件中，并且钢盘-试件接触面处没有发生破坏。这说明结构胶的黏结强度足以传递拉伸荷载到混凝土试件中，直至试件破坏。本章所使用的直

接拉伸试验方法能够在不预埋钢筋的情况下实现普通混凝土的直接拉伸试验。

图 5-3　直接拉伸试验混凝土试件破坏图

5.2.2　包络线

图 5-4 所示为典型的单调荷载下混凝土应力-应变曲线。循环荷载下混凝土包络线的唯一性限定了各种循环荷载下应力-应变曲线的范围。循环荷载下的应力-应变曲线和单调荷载下的应力-应变曲线重合，如图 5-4 所示，说明相同混凝土试件在拉伸荷载下包络线的唯一性。

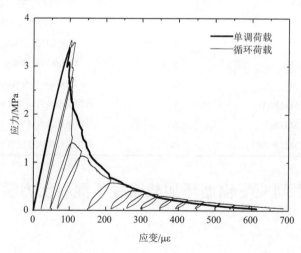

图 5-4　单调和循环荷载下混凝土的应力-应变曲线

5.2.3 塑性应变

塑性应变可以定义为卸载曲线末端应力水平接近 0 时混凝土材料的残余应变。循环荷载下塑性应变不断累积并且随卸载应变的增大而增大，其中，卸载应变为卸载起始点的应变。卸载应变（ε_{eu}）的增加会导致塑性应变（ε_r）的增加，且增加规律大致相同，如图 5-5 所示。卸载应变的数据是从路径 CEN 和 CSI 中采集得到的，这两种路径均从包络线开始卸载。图 5-5 中 ε_r 与 ε_{eu} 关系曲线的斜率大于 1，说明塑性应变累积率比卸载应变快，表明在软化段混凝土材料的塑性应变累积较迅速，主要原因是裂纹的扩展导致的塑性应变的累积。

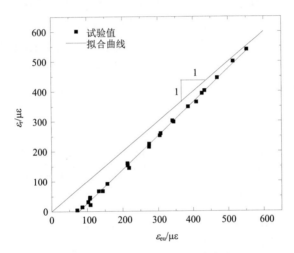

图 5-5   循环至包络线时塑性应变和卸载应变的关系

在现有的往复加载试验研究中，学者们专门研究了压缩循环荷载下混凝土塑性应变随卸载应变累积的规律。Maher 和 Darwin[68]的研究表明，当循环到包络线时，塑性应变累积率随着卸载应变的增加而增加，当卸载应变较小时，塑性应变累积也较慢，随着卸载应变的增大，塑性应变和卸载应变的关系变成斜率近似为 1 的线性关系。Bahn 和 Hsu[15]提出了一个幂函数形式的数学表达式来描述塑性应变和卸载应变的关系。Ozcelik[17]提出塑性应变和卸载应变的斜率是随卸载应变的增加而增加的。本章根据试验数据提出了一个反映拉伸循环荷载下混凝土塑性应变随卸载应变累积的线性模型，如下式所示：

$$\varepsilon_r = 1.126\varepsilon_{eu} - 85.94 \tag{5-1}$$

式中，ε_r 和 ε_{eu} 分别为加载过程中混凝土试件的塑性应变（$\mu\varepsilon$）和卸载应变（$\mu\varepsilon$）。

将上式计算的结果和试验得到的塑性应变与卸载应变关系进行比较，如图 5-5

所示，可以看出由公式计算得出的结果与试验结果有很高的一致性。值得注意的是，本章提出的模型（5-1）适用于下降段的塑性应变和卸载应变的关系。表达式斜率为1.12，说明塑性应变累积率在下降段整个应变变化范围内基本保持不变。

5.2.4　完全重加载应变

完全重加载点定义为重加载曲线上位于包络线上的点。图 5-6 为完全重加载应变ε_{er}和包络线上的卸载应变ε_{eu}的关系。完全卸载之后的完全重加载应变比包络线上的卸载应变略大。这与混凝土在压缩循环荷载下的特性不同，在压缩循环荷载下，完全重加载应变总是远大于包络线上的卸载应变。这一现象导致部分卸载后完全重加载点的位置难以确定。在当前的研究中，循环拉伸荷载下，混凝土的完全重加载应变的累积较慢。所以完全重加载应变可能不再适合描述循环拉伸荷载下的损伤累积。然而，卸载应变和重加载应变之差$\varepsilon_{er}-\varepsilon_{eu}$与卸载应变$\varepsilon_{eu}$之间的关系（图 5-7）对确定部分卸载后完全重加载应变的位置十分重要，因此，有必要建立完全重加载应变和之前包络线上的卸载应变之间差值的关系式：

$$\varepsilon_{er} - \varepsilon_{eu} = 0.03\varepsilon_{eu} - 0.71 \tag{5-2}$$

式中，ε_{er}和ε_{eu}分别为加载过程中混凝土试件的重加载应变（$\mu\varepsilon$）和卸载应变（$\mu\varepsilon$）。

比较模型计算结果和试验数据，可以发现上述模型可以较好地描述完全重加载应变与卸载应变之间的关系。

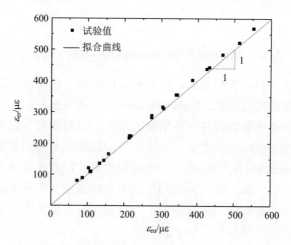

图 5-6　完全重加载应变与包络线上卸载应变的关系

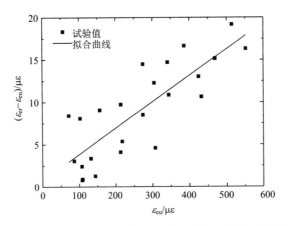

图 5-7 完全重加载应变和卸载应变之差与卸载应变的关系

5.2.5 弹性模量

由于混凝土的非线性特征，卸载曲线不会与加载曲线重合，而是形成一个滞回圈，且与初始加载曲线不平行。此处定义卸载曲线的割线斜率为弹性模量，用 E_i 表示。从试验结果可以看出在轴拉往复荷载下混凝土弹性模量随循环次数的增加而降低。这说明在循环加载过程中，混凝土的刚度在逐渐衰减。

Spooner 等[12]的研究表明，弹性模量受混凝土内部结构变化和损伤的影响。这个理论被 Maher 和 Darwin[68]用于研究循环压缩荷载下砂浆和混凝土的损伤。本章使用割线模量表示混凝土的弹性模量。利用曲线上升段计算的初始弹性模量大约为 40 GPa，弹性模量与卸载应变的关系如图 5-8 所示。图 5-8 表明随循环加载过程的进行弹性模量逐渐降低，均小于初始弹性模量（40 GPa）。完全卸载加载路径下弹性模量随循环进程的降低速率比部分卸载情况下（CSI'30）的降低率要高。这一现象说明部分卸载后重加载的损伤累积不完全。且 E_i 的降低率在卸载应变较低时更大，当卸载应变大于 270 με 时，E_i 保持基本稳定的趋势。

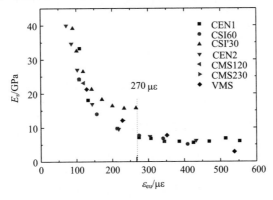

图 5-8 循环至包络线时初始弹性模量与卸载应变的关系

5.2.6　应力衰减

本小节研究了部分重加载的情况下（例如 CMS 和 VMS 的加载方式）循环到固定应变时的应力衰减现象。CMS 加载路径是通过控制加载到一个固定的最大应变（120 με或 230 με）来实现的。VMS 加载路径为固定一个最大应变循环 10 次，之后再固定一个更大的应变循环 10 次。固定加载最大应变循环加载时，应力随循环次数的增加而降低。也就是说，即使加载到固定的应变值，应力也会逐渐降低，即混凝土内部有损伤累积。图 5-9 表示两个循环到固定最大应变的加载路径中，应力衰减与循环次数的关系，表明在循环加载开始的若干循环过程中应力衰减迅速，之后逐渐趋于稳定。上述结果表明在固定应变循环加载过程中损伤累积会逐渐趋向稳定。

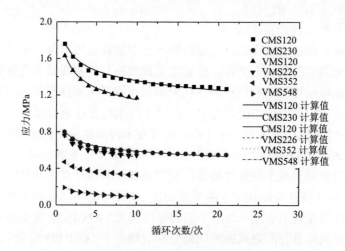

图 5-9　循环到特定应变时应力衰减随循环次数的变化

循环到固定最大应变时，应力衰减与循环次数的关系可以表示如下为幂函数形式：

$$\sigma = \sigma_{\max} N^t \tag{5-3}$$

式中，σ 表示第 N 次循环到最大应变对应的应力（MPa）；$\sigma_{\max}$ 表示第一次循环对应的应力（MPa）；N 表示循环次数；t 表示经验参数，与加载终点对应的应变，即最大应变相关，可以用最大应变的方程表示。t 可以表示成

$$t = 0.0004\varepsilon_{\max} - 0.06 \tag{5-4}$$

式中，$\varepsilon_{\max}$ 表示拉伸循环时固定的最大应变（με）。图 5-9 表明计算结果与试验结果吻合较好。

5.2.7 应力-应变关系模型

前文已经分析了循环荷载下混凝土的主要力学特性，包括完全或部分卸载和重加载情况下全应变范围内包络线、塑性应变、卸载应变、重加载应变、弹性割线模量、应力衰减等特性。基于此，可以建立一个描述循环拉伸荷载下混凝土应力-应变关系的本构模型。

5.2.7.1 单调曲线

单调应力-应变曲线可以分上升段和下降段两部分。线性表达式形式简单且能够很好地描述拉伸状态下混凝土的峰前特性，即上升段。因此，被许多研究者用来描述混凝土的峰前应力-应变关系[19,172]。在轴拉试验中，峰值荷载之前混凝土内部的裂纹可以认为是平均分布在整个试件中，没有形成局部裂缝，此时应力-应变响应可以认为是弹性的，因此可以用以下线性表达式来表示单轴拉伸荷载下混凝土上升段的应力-应变关系：

$$\sigma = \varepsilon \frac{f_{\mathrm{t}}}{\varepsilon_{\mathrm{t}}}, \quad 当 \ \varepsilon \leqslant \varepsilon_{\mathrm{t}} \tag{5-5}$$

式中，σ 为拉伸应力（MPa）；ε 为拉伸应变（$\mu\varepsilon$）；f_{t} 为拉伸强度（MPa）；ε_{t} 为峰值应变（$\mu\varepsilon$），利用 f_{t} 和 ε_{t} 两个特征值，就可以获得曲线的上升段。

单调轴拉曲线的下降段表现出明显的非线性软化特性，所以简单的数学公式无法描述下降段。目前，拟合软化段的方式有多项式[173]、指数函数[174]以及组合公式。多项式拟合相关性较高，但是多参数的多项式曲线容易发生振荡，因此，一般不建议采用多项式表示材料的本构关系。Gopalartnam 和 Shah[174]测试了试件在拉伸过程中的裂缝宽度，基于断裂力学理论构建了指数形式的混凝土拉伸软化段本构模型，拟合结果表明，指数函数能够较准确地反映混凝土在拉伸荷载下的应力-位移软化段曲线。组合公式能够集中各函数的优势，最大程度优化模型。因此，本章采用线性与指数函数的组合形式的模型，一方面系数 b 能够反映材料刚度衰减；另一方面指数形式的函数能反映软化段的非线性特性并保证曲线的稳定性，通过对试验曲线的分析以及数学拟合方法得到以下混凝土拉伸软化段本构模型：

$$\sigma = f_{\mathrm{t}} \left\{ a - b \frac{\varepsilon}{\varepsilon_{\mathrm{t}}} + c \exp\left[d\left(1 - \frac{\varepsilon}{\varepsilon_{\mathrm{t}}}\right) \right] \right\}, \quad 当 \ \varepsilon \geqslant \varepsilon_{\mathrm{t}} \tag{5-6}$$

式中，a，b，c，d 表示常数，这四个常数虽然不能满足上升和下降段函数在 $\varepsilon = \varepsilon_{\mathrm{t}}$ 处的连续性，但是与试验值吻合得很好。通过拟合试验的下降段，可以得到上述参数的值，分别为 $a=0.225$，$b=0.035$，$c=0.81$，$d=1.92$。

5.2.7.2　完全卸载和重新加载曲线

在试验整个应变范围内得到的卸载曲线均凸向右侧，重新加载曲线却凸向左侧。在四个不同的加载路径中，卸载和加载曲线形状相似。所以，本章选择曲线形状稳定的幂函数而非多项式或指数函数来模拟卸载和重新加载曲线。幂函数形式的数学表达式中的指数（指数不等于 1）可以反映循环加载过程中损伤累积的非线性。

卸载曲线取决于卸载应变和塑性应变。假设混凝土为弹性，就可以用直线连接卸载曲线的起始点和终点，如图 5-10 所示，所以，卸载曲线可以表示成：

$$\sigma = \sigma_r + (\sigma_{eu} - \sigma_r)\left(\frac{\varepsilon - \varepsilon_r}{\varepsilon_{eu} - \varepsilon_r}\right) \tag{5-7}$$

当卸载到应力为 0 时，应变没有像应力一样回到 0，而是有一部分不可逆应变产生，这部分不可逆应变称为塑性应变。对这类从包络线卸载至应力为 0 的加载工况，公式（5-7）可以简化成如下形式：

$$\sigma = \sigma_{eu}\left(\frac{\varepsilon - \varepsilon_r}{\varepsilon_{eu} - \varepsilon_r}\right) \tag{5-8}$$

观察试验结果可以发现，卸载曲线具有明显的非线性，所以在公式（5-8）中增加了指数 p_u 和系数 c_u 结合来更好地表达卸载曲线的非线性特性：

$$\sigma = c_u \sigma_{eu}\left(\frac{\varepsilon - \varepsilon_r}{\varepsilon_{eu} - \varepsilon_r}\right)^{p_u} \tag{5-9}$$

式中，c_u 为卸载系数；p_u 可以表示为塑性应变和初始弹性模量的函数。

对于部分卸载，包含系数 c_u 和指数 p_u 的公式（5-7）可以表示成如下形式：

$$\sigma = \sigma_r + c_u(\sigma_{eu} - \sigma_r)\left(\frac{\varepsilon - \varepsilon_r}{\varepsilon_{eu} - \varepsilon_r}\right)^{p_u} \tag{5-10}$$

参数 c_u 和 p_u 可以通过试验数据拟合得到。参数 c_u 不能通过对某一条卸载曲线拟合得到，因为其值在不同的卸载点也会不同，必须对整个卸载应变范围内卸载曲线进行试验数据的拟合获得。拟合得到的系数 c_u 在 0.95~1，本章取 0.95。拟合结果表明虽然卸载系数 c_u 随卸载应变的变化而变化，但是影响不大，也从侧面反映系数 c_u 对卸载曲线的非线性影响作用较小。指数 p_u 可以表示为塑性应变的函数而不是包络线上卸载应变的函数，主要原因是卸载曲线的曲率随弹性变形的恢复逐渐增大，即塑性变形占主导地位时，卸载曲线非线性越明显，p_u 的表达式如下所示：

$$p_u = 1 + 0.39 \sqrt{\frac{\varepsilon_r}{\varepsilon_t}} \qquad (5\text{-}11)$$

式中，ε_r 为塑性应变（$\mu\varepsilon$）；ε_t 为混凝土拉伸强度处对应的应变（$\mu\varepsilon$）。

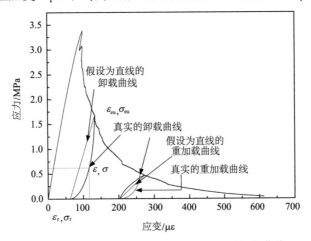

图 5-10　循环拉伸荷载下混凝土卸载和重加载曲线

重加载曲线可以通过同样的方式得到，对于部分卸载和完全加载的情况，重加载曲线可以表示为

$$\sigma = \sigma_r + c_r(\sigma_{er} - \sigma_r)\left(\frac{\varepsilon - \varepsilon_r}{\varepsilon_{er} - \varepsilon_r}\right)^{p_r} \qquad (5\text{-}12)$$

式中，c_r 为重加载系数，其值近似为 1；p_r 为指数，与卸载指数相同，也可以表示为塑性应变的函数：

$$p_r = 1 - 0.2 \sqrt{\frac{\varepsilon_r}{\varepsilon_t}} \qquad (5\text{-}13)$$

上面提到的卸载和重加载模型适用于 CEN 和 CSI 的加载路径，也就是说，适用于完全卸载和完全重加载的加载工况。

5.2.7.3　部分卸载和完全重加载

公式（5-10）和式（5-12）适用于从包络线开始卸载到应力为 0，之后又重新加载到包络线的卸载曲线和加载曲线的计算。上述模型计算的前提条件是加、卸载起始点和终点的应力和应变均为特征点，可以通过包络线计算得到。而对于部分卸载和部分加载的情况，则需要确定某些特征点的值，本节首先讨论如何确定部分卸载后重加载曲线的位置。

在部分卸载的情况下，应力-应变曲线在点(ε_{pu}, σ_{pu})处结束，坐标可以通过公式（5-8）计算得到，并且卸载曲线也可以通过公式（5-10）表示。假设部分卸载后的重加载曲线的形状为线性，如图 5-11 所示，终点为包络线上的点(ε'_{er}, σ'_{er})。如果卸载不完全，较完全卸载来说，重新加载到包络线上后损伤累积也不完全。所以点(ε'_{er}, σ'_{er})会落在(ε_{eu}, σ_{eu})和(ε_{er}, σ_{er})之间，这一性质对确定(ε'_{er}, σ'_{er})的位置是很重要的。下面这个插值公式可以用来预测完全重加载应变ε'_{er}：

$$\frac{\varepsilon'_{er} - \varepsilon_{eu}}{\varepsilon_{er} - \varepsilon_{eu}} = \frac{\sigma_{eu} - \sigma_{pu}}{\sigma_{eu} - 0} \qquad (5\text{-}14)$$

式中，ε_{er} 可以通过公式（5-2）来确定（$\mu\varepsilon$）。(ε_{pu}, σ_{pu})是之前包络线上卸载点的坐标。σ_{pu} 为之前的部分卸载应力（MPa）。计算得到ε'_{er}之后，重加载曲线就可以通过公式（5-12）计算。

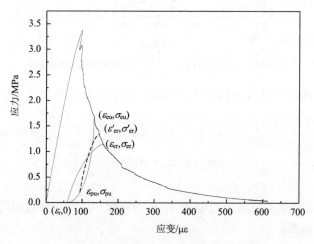

图 5-11　部分卸载后完全重加载点的位置

5.2.7.4　部分重加载后卸载

在部分重加载后，塑性应变的位置对确定卸载曲线至关重要。与上一部分相似，确定假设包络线上卸载点的位置的示意图如图 5-12 所示。

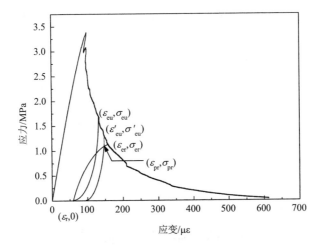

图 5-12 确定包络线上卸载位置的示意图

假设的包络线上卸载点的位置应该通过一个插值函数确定：

$$\frac{\varepsilon'_{eu} - \varepsilon_{eu}}{\varepsilon_{er} - \varepsilon_{eu}} = \frac{\sigma_{pr}}{\sigma_{er}} \qquad (5\text{-}15)$$

式中，σ_{pr} 可以通过公式（5-12）确定（MPa）；ε'_{eu} 为假设的包络线上卸载应变（$\mu\varepsilon$）。卸载曲线就可以通过公式（5-10）获得。

5.2.7.5 模型验证

通过比较改进模型与循环拉伸荷载试验结果来验证本章模型的有效性。图 5-13 所示为模型预测的单调应力-应变关系和相应的试验结果。显然，由于混凝土在局部裂缝开展前的近似线弹性特性，线性表达式足以模拟应力-应变曲线的上升段。组合数学表达式可以准确模拟混凝土的下降段非线性软化特性。由于包络线具有唯一性，因此可以使用单调应力-应变曲线作为包络线，单调应力-应变曲线的计算仅需要拉伸强度和相应的峰值应变。

5 个循环荷载的应变路径如图 5-14（a）～（e）所示。模型计算结果与试验结果如图 5-15 所示，图 5-15（a）和（b）表明模型可以很好地拟合完全卸载和重加载的路径；图 5-15（c）表示部分卸载后重新加载路径的模拟结果和试验结果，包络线上的重加载点的位置取决于之前卸载曲线末端对应的卸载应力，因此精确地评估完全重加载应变和包络线上卸载应变的关系是模拟循环加、卸载应力-应变曲线的前提；图 5-15（d）和（e）表示的是循环到固定最大应变（部分重加载）路径下试验和模拟结果。部分重加载路径下，应该精确预测循环到特定最大应变时，应力随循环次数的降低。由于循环应力-应变曲线较密集，可能重叠在一起，为了清晰表达模拟结果与试验结果的吻合程度，图中仅给出典型循环的模拟结果。

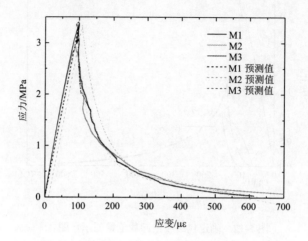

图 5-13　单调拉伸荷载下分析结果和试验结果的比较

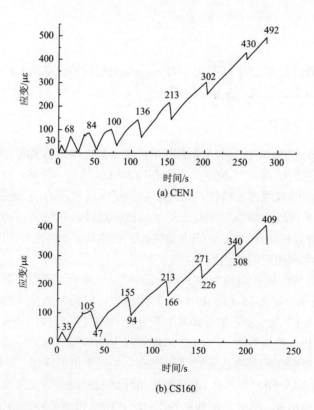

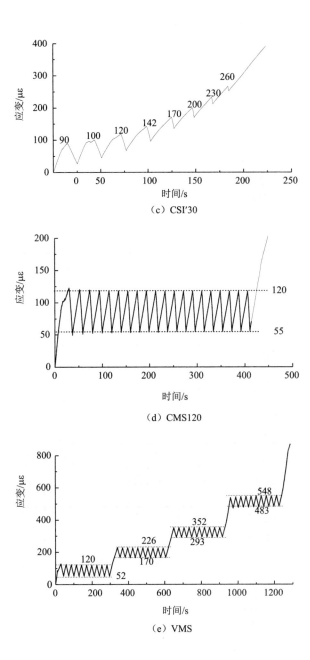

（c）CSI′30

（d）CMS120

（e）VMS

图 5-14　五个循环荷载的真实应变路径

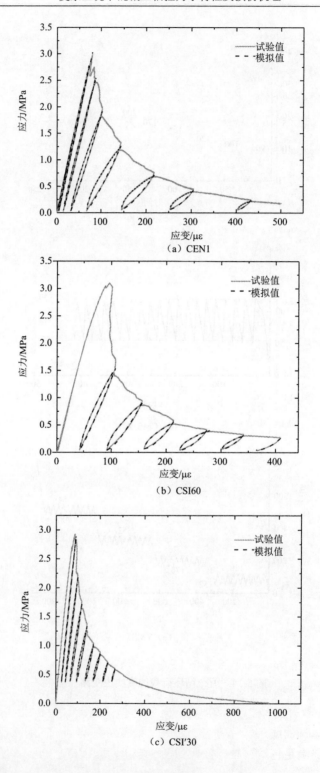

（a）CEN1

（b）CSI60

（c）CSI'30

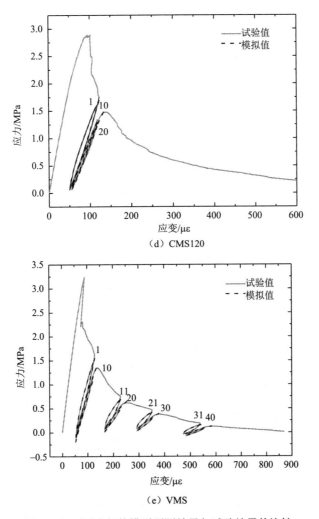

(d) CMS120

(e) VMS

图 5-15 不同路径的模型预测结果与试验结果的比较

5.3 应变率对循环荷载下混凝土力学性能的影响

5.3.1 包络线

前文已经对不同加载路径下混凝土往复拉伸应力-应变曲线的包络线进行了分析与讨论，结果表明单调加载曲线与不同加载路径下应力-应变的包络线具有高度一致性。本小节首先针对不同加载速率的往复轴拉荷载下混凝土的应力-应变曲线的包络线与单调曲线进行了研究，研究结果表明在本章研究的应变率范围内，同一应变率下仍满足包络线唯一性，如图 5-16 所示。

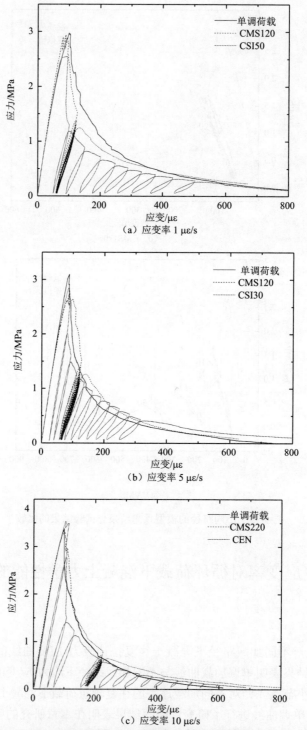

（a）应变率 1 με/s

（b）应变率 5 με/s

（c）应变率 10 με/s

图 5-16　不同应变率的循环和单调荷载下混凝土典型的应力-应变响应

5.3.2　塑性应变

在卸载开始时,塑性应变随着包络线上卸载应变的增加而增加。卸载应变 ε_{eu} 增加会使塑性应变 ε_r 增加大致相同的量,如图 5-17 所示。在图 5-17 中,可以发现不同应变率下塑性应变的积累有细微差别。

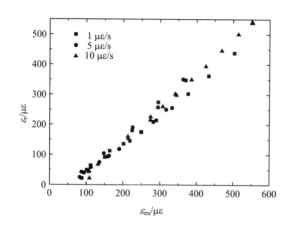

图 5-17　塑性应变与卸载应变的关系

为了获得应变率对塑性应变积累的影响,提出了线性数学表达式(5-16)~式(5-18):

$$\varepsilon_r = 0.98\varepsilon_{eu} - 53.7 , \qquad \text{当} \ \dot{\varepsilon} = 1 \ \mu\varepsilon/s \tag{5-16}$$

$$\varepsilon_r = 1.06\varepsilon_{eu} - 65.32 , \qquad \text{当} \ \dot{\varepsilon} = 5 \ \mu\varepsilon/s \tag{5-17}$$

$$\varepsilon_r = 1.13\varepsilon_{eu} - 85.85 , \qquad \text{当} \ \dot{\varepsilon} = 10 \ \mu\varepsilon/s \tag{5-18}$$

式中, ε_r 和 ε_{eu} 分别为塑性应变(μɛ)和卸载应变(μɛ)。

在应变率为 1 μɛ/s 时,线性表达式的斜率小于 1,这意味着塑性应变累积率小于包络线上的卸载应变。在应变率为 5 μɛ/s 和 10 μɛ/s 时, ε_r 和 ε_{eu} 的斜率都大于 1,表明塑性应变累积速率大于包络线上的卸载应变的增加速度。不同加载应变率下 ε_r 和 ε_{eu} 的斜率大小表明应变率越高,塑性应变的累积率越高。

5.3.3　应力衰减

在最大应变保持不变的循环加载过程中,即使加载终点应变保持不变,但随着循环次数的增加,应力会不断降低,称为应力衰减现象。图 5-18 所示为混凝土固定最大应变循环时,应力衰减与循环次数的关系。随着循环次数的增加,应力衰减速率减小。在初始几次循环中可以发现明显的应力衰减，随后应力保持稳定。
应力衰减和循环次数的关系可以表示成：

$$\sigma = \sigma_{max} N^t \tag{5-19}$$

式中，σ 表示循环到相同的最大应变时，第 N 次循环对应的应力（MPa）；σ_{max} 表
示第一次循环对应的应力（MPa）；N 表示循环次数；t 为经验参数，其值约为–0.12。
图 5-18 显示公式计算结果可以很好地预测试验结果，同时可以发现应变率对应力
衰减规律的影响并不明显。

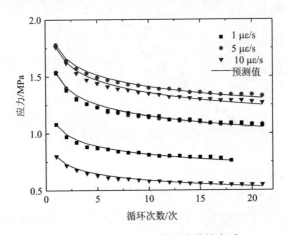

图 5-18　应力随循环次数的衰减

5.3.4　应力-应变关系模型

5.3.4.1　包络线

在本章 5.2 节已经建立了轴拉循环荷载下混凝土的应力-应变关系模型，在本
章研究范围内应变率对应力-应变关系影响不大，只需对已建立的模型参数进行适
当调整即可直接用于对不同应变率的循环轴拉荷载下混凝土应力-应变曲线的模
拟。线性表达式能够很好地表示拉伸状态下混凝土的峰前特性，应力-应变关系用
式（5-5）表示。而混凝土下降段部分表现出高度的非线性软化特性，用式（5-6）
表示，式中，a, b, c, d 四个参数通过在不同应变率条件下拟合峰后曲线得到的，
$a=0.23, b=0.03, c=0.80$，其值不受应变率的影响，而参数 d 在应变率为 1 με/s、5 με/s
和 10 με/s 的条件下分别为 1.56、1.80 和 1.92。参数 d 的变化反映了应变率对下降
段曲线斜率的影响，表明混凝土的力学特性具有一定的率敏感性。模型计算的应
力-应变曲线与试验结果如图 5-19 所示。可以发现线性表达式和组合数学表达式

能准确地描述混凝土应力-应变曲线。只需要混凝土的轴拉强度和对应的峰值应变，就可根据上述单调轴拉模型来预测包络线。

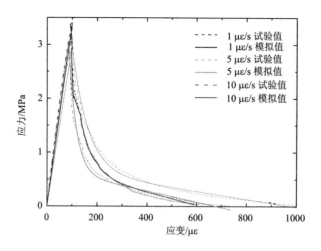

图 5-19　混凝土单调拉伸荷载下的试验结果与预测结果的比较

5.3.4.2　加卸载曲线模型

前文研究表明在构建的加卸载曲线模型中加卸载指数 p_r，p_u 影响模拟结果，而加卸载指数是残余变形的函数。当应变率发生变化时，残余变形的累积速率也发生变化，一般认为施加荷载速率越小，材料表现出的塑性越明显，塑性变形的累积也会相应加快，本章也通过试验证实了这一结论。通过试验结果拟合得到不同应变率下卸载指数随残余应变的变化规律，如式（5-20）：

$$p_u = 1 + 0.41\sqrt{\frac{\varepsilon_r}{\varepsilon_t}}，\quad 当 \dot{\varepsilon} = 1\ \mu\varepsilon/s \tag{5-20a}$$

$$p_u = 1 + 0.39\sqrt{\frac{\varepsilon_r}{\varepsilon_t}}，\quad 当 \dot{\varepsilon} = 5\ \mu\varepsilon/s \tag{5-20b}$$

$$p_u = 1 + 0.36\sqrt{\frac{\varepsilon_r}{\varepsilon_t}}，\quad 当 \dot{\varepsilon} = 10\ \mu\varepsilon/s \tag{5-20c}$$

式中，ε_r 和 ε_t 分别表示加载过程中混凝土试件的残余应变（$\mu\varepsilon$）和峰值应变（$\mu\varepsilon$）。

重加载模型中加载指数 p_r 随残余应变的变化规律如式（5-21）所示，与应变率无关：

$$p_r = 1 - 0.2\sqrt{\frac{\varepsilon_r}{\varepsilon_t}} \tag{5-21}$$

将模型预测结果与混凝土的试验结果进行比较。路径 CEN 和 CSI 可以看作完全卸载和重加载，图 5-20 为不同应变率下的试验结果和预测结果，二者具有很好的一致性。图 5-21 表示不同应变率下常应变增量的试验结果和模拟结果。完全卸载和重加载曲线可以通过卸载开始点的位置得到。将不同应变率下固定最大应变循环的试验值和预测值进行比较，如图 5-22 所示。在图中，为了清晰起见，只画出了第 1 次、5 次、10 次、20 次的滞回环的计算结果和试验结果。固定最大应变循环加载路径表示部分重加载。部分重加载和卸载后，重加载或卸载曲线的位置是由部分卸载或重加载结束位置决定的。

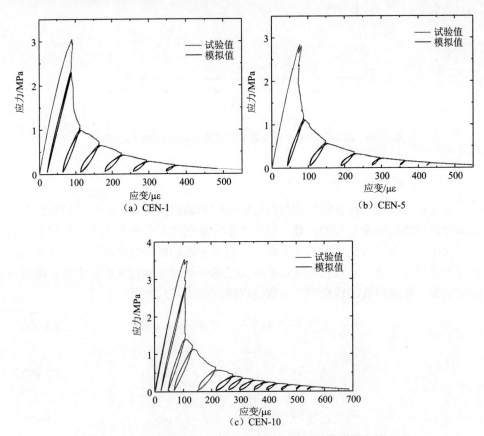

图 5-20　路径 CEN 不同应变率下试验结果与模型预测结果的比较

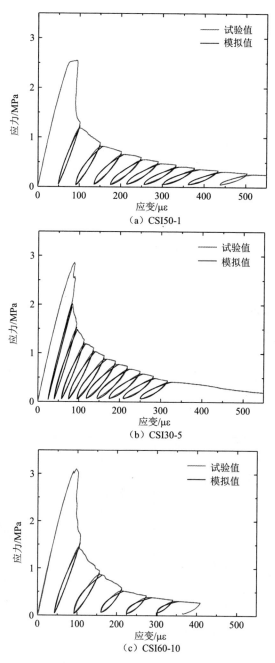

（a）CSI50-1

（b）CSI30-5

（c）CSI60-10

图 5-21 路径 CSI 不同应变率下试验结果与模型预测结果的比较

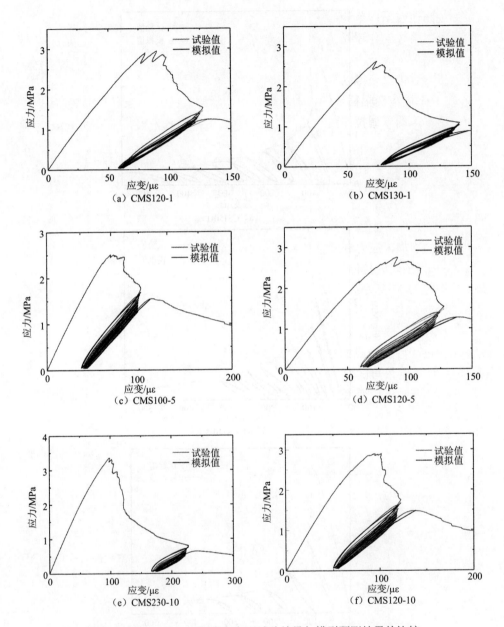

图 5-22 路径 CMS 不同应变率下试验结果与模型预测结果的比较

5.4 本章小结

本章开展了不同应变幅和不同应变率的混凝土循环轴拉试验。不同应变幅的轴拉加载路径包括：单调加载、循环到包络线、应变增幅固定循环到包络线、循环加载到包络线部分卸载试验、循环到固定的最大应变、循环到变化的最大应变，加载应变率为 1 $\mu\varepsilon/s$、5 $\mu\varepsilon/s$、10 $\mu\varepsilon/s$。对往复荷载下混凝土的力学特征参数进行深入分析与讨论，获得以下主要结论：

（1）不同应变幅循环轴拉加载路径下，混凝土应力-应变曲线的包络线与同一加载速率下的单调拉伸曲线相同，这一重要结论对建立往复荷载下混凝土的本构模型至关重要。

（2）整个应变范围内，塑性应变累积率不变。循环拉伸荷载下，混凝土的完全重加载应变累积十分小。试验中发现包络线上卸载应变较小时，初始弹性模量的衰减率更大，当卸载应变大于 270 $\mu\varepsilon$ 时，初始弹性模量衰减率基本保持稳定。本章还研究了循环到固定最大应变时，应力衰减和循环次数的关系，结果表明随循环次数的增加，应力衰减率逐渐减小。

（3）为了研究拉伸往复荷载作用下的应力-应变关系，首先建立了拉伸荷载下的单调应力-应变关系模型。此模型可以同时模拟混凝土单调应力-应变曲线和拉伸往复应力-应变曲线的包络线。对试验加载路径按照完全加载、部分加载和完全卸载、部分卸载进行分类，建立形式统一的加、卸载应力-应变关系模型。通过循环加载过程中卸载点的应力或应变根据经验公式获得了应力-应变关系模型参数。模型计算结果与试验测得的应力-应变曲线吻合。最后，本章还研究了混凝土在拉伸循环荷载下应变率对混凝土力学特性的影响。塑性应变累积率随着应变率的增加而增加。

6 拉-压交替循环荷载下混凝土力学特性

混凝土的拉伸强度对其裂缝开展的影响尤其关键，而裂缝开展对混凝土结构的刚度和耐久性起关键性作用，因此，对混凝土拉伸过程中裂缝的生成与扩展的研究尤其重要。此外，混凝土的受力具有单边效应，在循环荷载作用下具体表现为如果混凝土受拉开裂后再反向受压加载，则裂缝闭合，能观察到材料刚度的部分恢复。混凝土类脆性材料的拉-压交替往复试验难度较单向循环试验难度更大，试验过程中混凝土裂缝开展闭合机理复杂，通常涉及损伤演化、应变累积、刚度衰减和滞回特性[10,22,23,26]，相关研究非常少，且缺乏理论深度。Preisach-Mayergoyz模型（P-M 模型）适用于描述混凝土的非线性滞回特性。P-M 模型参数的确定与应用方式分为两种：正演[175,176]和反演[177]。本章通过单轴拉-压往复试验深入研究普通混凝土材料的应力-应变响应特征；基于 P-M 模型提出拉-压往复荷载下混凝土的本构模型，该模型考虑了混凝土材料的非线弹性、拉伸刚度降低、刚度恢复、永久应变和滞回性等循环荷载下混凝土的力学特性；最后，根据试验结果确定了合理的模型参数。

6.1 混凝土滞回特性分析

由于拉-压交替循环荷载作用下混凝土的力学特性的特殊性，对其应力-应变关系的研究需要借助于 P-M 模型理论。P-M 模型理论通过对混凝土滞回特性的定量分析，可以建立拉-压循环荷载作用下基于 P-M 模型理论的混凝土本构模型。因此，本章首先需要对混凝土材料的滞回特性进行定量分析。

6.1.1 混凝土滞回特性的研究方法

在循环加卸载过程中，混凝土的卸载应力-应变曲线通常不会沿加载曲线原路返回，而是形成一个滞回圈，这种现象称为混凝土的滞回。从 20 世纪初起，混凝土、岩石这类材料的滞回现象引起越来越多国内外学者的广泛关注，对滞回现象产生的本质进行了深入的机理分析，主要从微观与宏观两个层面进行。微观层面研究表明材料的颗粒与裂隙表面存在摩擦滑移，摩擦滑移有颗粒接触黏合和黏结滑移两种。对于混凝土材料而言，其滞回特性与裂纹的产生和扩展有密切的关系，因此，从微观层面能够更深入地理解其滞回特性。但是微观分析方法往往是基于很多假设和推断提出的，且试验观测上存在一定技术的困难，因此推广应用受到了很大的限制。基于此，宏观层面的唯象模型应运而生，具有代表性的模型包括内时理论与 P-M 模型。内时理论是基于不可逆热力学理论发展而来的，假定材料的应力状态与整个变形历史相关，对材料的非线性特性进行了描述；P-M 模型则是将材料分为有限个细观单元，从微观层面表述宏观力学性能的一种理论方法，本章下一节将具体介绍 P-M 模型。

在试验研究方面，滞回现象可以通过对材料施加循环荷载来研究。在循环荷载作用下，混凝土的应力-应变曲线呈现出非线性、滞后性、离散记忆和能量耗散等特征。混凝土的这些物理特性对研究其损伤机理和本构关系具有重要的意义。循环试验中，加载频率、最大拉力（即应力水平）、最小拉力、加载波形（三角波、矩形波、正弦波以及随机波等）对滞回特性影响较大。因此，本章拟通过开展不同加载频率和应力水平的循环试验，对混凝土的滞回特性进行定量分析。

6.1.2 滞回特性试验研究

6.1.2.1 试验方案

滞回特性试验加载方式为正弦波加载，加载频率为 0.05 Hz、0.1 Hz、0.5 Hz、2 Hz，加载循环 30 次停止试验。采用两种加载制度，第一种为静载 7 kN，动载 6.5 kN；第二种为静载 9 kN，动载 5 kN。静载和动载值都可以在 MTS 操作软件中进行设置。为了叙述方便，将上述两种加载制度下的试件分别标记为 A、B 两组。当应力上限达到混凝土抗拉强度 85%以上均可以称为高应力加载，试验中静载均大于动载，由此确保应力下限均为拉应力，而应力上限分别为 13.5 kN（3.31 MPa）和 14 kN（3.44 MPa），均处于高应力往复加载的范畴。四种加载频率和两种加载制度组合，一共进行 8 组不同工况的试验，每组工况重复的试件个数为 3 个。

6.1.2.2 结果分析

由混凝土的轴拉往复试验所得的应力-应变曲线呈现一个闭合的尖叶状曲线，如图 6-1 所示。从图中可以看出，在加载和卸载过程中，加载曲线位于卸载曲线上方，即卸载后再进行加载时，同一应变处混凝土卸载时所受到应力小于加载时的应力。由此可见，对于混凝土这一非均质材料而言，滞后特性是材料非线性特性的主要表现形式之一。

图 6-2 列举了 A-0.1 Hz、A-2 Hz、B-0.1 Hz 和 B-2 Hz 四种工况的混凝土应力-时间和应变-时间关系图。由图可见，无论应力曲线还是应变曲线均呈正弦波形，但是两者在应力（应变）最大处以及最小处的图像没有完全重合。虽然这个时间

差很小，但是从图中可以看出，应变的峰值点一般出现在应力的峰值点之后，即应变会产生滞后效应，表明混凝土并非是完全弹性体。从采样数据上来看，这个时间差在 10^{-2} s 的量级。表明试件在外力荷载作用下，其变形的响应不能在受力同时即刻发生，其间存在很小的时间差。正是应变的滞后性产生的时间差，混凝土加卸载时才会产生一个滞后回线。

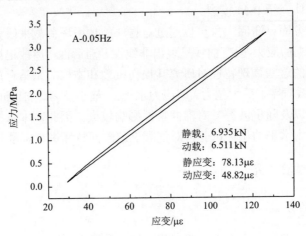

图 6-1　尖叶状封闭滞后回线

由图 6-2 可知，由于应力波和应变波均是正弦波，所以该时间差可以用相位差 δ 来表示。加载过程中的应力波方程如下所示：

$$\sigma(t) = \sigma_{\mathrm{d}} \sin\left(\omega t + \frac{3}{2}\pi\right) + \sigma_{\mathrm{s}} \qquad (6\text{-}1)$$

式中，$\sigma(t)$ 为应力（MPa）；σ_{d} 为动载应力（MPa）；σ_{s} 为静载应力（MPa）；ω 为圆频率；t 则为时间（s）。应变波可以用下式来表示：

$$\varepsilon(t) = \varepsilon_{\mathrm{d}} \sin\left(\omega t + \frac{3}{2}\pi - \delta\right) + \varepsilon_{\mathrm{s}} \qquad (6\text{-}2)$$

式中，$\varepsilon(t)$ 为应变（$\mu\varepsilon$）；ε_{d} 为动载应变（$\mu\varepsilon$）；ε_{s} 为静载应变（$\mu\varepsilon$）；δ 代表应变波与应力波之间因混凝土之间的滞后性而产生的相位差 $(0 \leqslant \delta \leqslant \pi/2)$。

在这里，我们令 $\varphi = \omega t + \dfrac{3\pi}{2} - \delta$，则式（6-1）和式（6-2）可以转化成式（6-3）和式（6-4）：

$$\sigma(\varphi) = \sigma_{\mathrm{d}} \sin(\varphi + \delta) + \sigma_{\mathrm{s}} \qquad (6\text{-}3)$$

$$\varepsilon(\varphi) = \varepsilon_{\mathrm{d}} \sin\varphi + \varepsilon_{\mathrm{s}} \qquad (6\text{-}4)$$

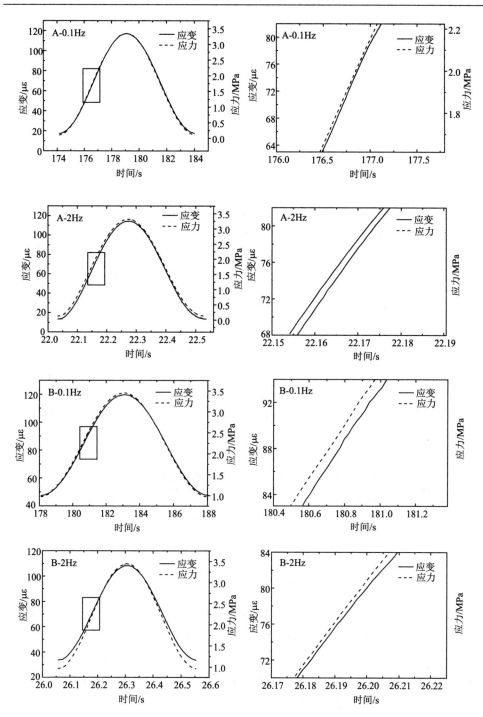

图 6-2　部分工况应力-时间关系与应变-时间关系对比图

将式（6-3）和式（6-4）进行联立，消除 φ 得到应力-应变关系式（6-5）：

$$\left(\frac{\sigma_b}{\sigma_d}\right)^2 - 2\frac{\sigma_b}{\sigma_d}\frac{\varepsilon_b}{\varepsilon_d}\cos\delta + \left(\frac{\varepsilon_b}{\varepsilon_d}\right)^2 = \sin^2\delta \qquad (6-5)$$

很显然，上式是椭圆的解析式，式中，$\sigma_b = \sigma - \sigma_s$，$\varepsilon_b = \varepsilon - \varepsilon_s$。不难看出，若相位差增大，则椭圆长短轴之比就会越小，椭圆越接近一个圆。Brennan 和 Stacey[178]通过一个灵敏的扭转试验，证明在应变振幅为 10^{-6} 时应力-应变曲线呈现椭圆形的滞后回线。很显然，椭圆与圆一样，切线必然是连续的。然而在本章的试验中，应变振幅较大的情况下，得到的应力-应变曲线呈现出尖叶状而不是椭圆形，这说明，在应力峰值和谷值两个拐点处，混凝土的应力-应变曲线上的切线并不连续，会产生一个突变。产生上述现象的原因可以归结于：在同一周期中的卸载曲线和加载曲线上，应变波与应力波之间的相位差不相同。这里的差异性来源于卸载到加载以及加载到卸载之间应力-应变的转向。

因此，记卸载时应变落后于应力的相位角为 δ'（即相位差），加载时应变落后于应力的相位角为 δ。因为相位角的值较小，从应力-时间曲线和应变-时间曲线中直接得出应变与应力相差值的精度很差。为了精确地得到相位角的大小，用式（6-5）分别对卸载曲线以及加载曲线进行拟合计算，得到卸载时相位角 δ' 和加载时相位角 δ。当相位差等于 0 时，意味着应力和应变之间不存在滞后现象，材料呈现线弹性，所以，相位差越大表示混凝土的滞后效应越明显。不同工况下相位角见表 6-1（每种工况均取 3 个试件所得数据的平均值）。

表 6-1　8 种工况下的卸载曲线和加载曲线的相位差　　　　[单位：（°）]

试件组号	卸载相位角 δ'	加载相位角 δ	试件组号	卸载相位角 δ'	加载相位角 δ
A-0.05Hz	1.188	3.095	B-0.05Hz	1.276	3.137
A-0.1Hz	0.799	2.385	B-0.1Hz	1.224	2.305
A-0.5Hz	0.536	2.284	B-0.5Hz	1.080	1.896
A-2Hz	0.505	2.122	B-2Hz	1.025	1.693

从表 6-1 的数据可以看出，同一种工况中，卸载相位角一般比加载相位角小，这意味着混凝土在加载时比卸载时体现出的非线性更明显。从总体来说，无论是卸载相位角 δ' 还是加载相位角 δ，都随频率的增大而减小。当频率较小时，在一个循环中混凝土经受应力作用的时间较长，因此这样的情况下混凝土的非线性体现更为明显。图 6-3 与图 6-4 分别给出 A、B 两组试验根据椭圆方程拟合的曲线与试验曲线，为避免循环次数的影响，均采用第 16 个滞后回线进行计算。

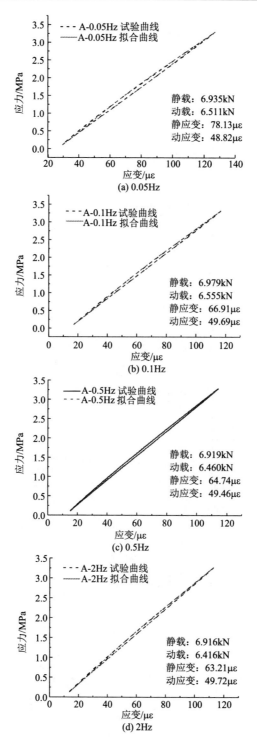

图6-3 A组不同频率下混凝土第16个滞后回线与正弦模型的比较

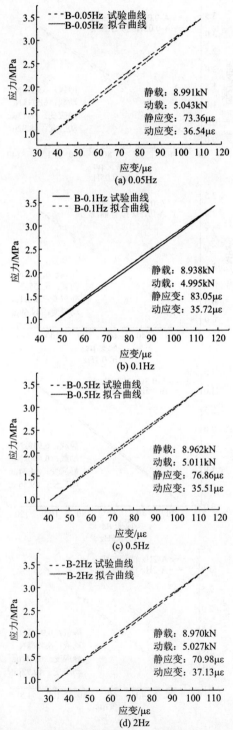

图 6-4　B 组不同频率下混凝土第 16 个滞后回线与正弦模型的比较

6.1.3 滞回特性定量描述

6.1.3.1 P-M 模型简介

P-M 模型是由德国物理学家 Preisach[178]最早提出的，最先仅是用于描述滞后现象而使用的数学模型，后来，由 Mayergoyz[83]对其进行了完善，将其发展为描述非线性滞后现象的数学模型，之后该模型便广泛地运用于物理、数学、材料以及工程中。20 世纪末，McCall 和 Guyer[175]在大量研究工作的基础上，将刚性很强的刚粒和刚粒间刚性较弱、弹性较大的黏结层所形成的材料称为非线性细观弹性材料（NME 材料）。材料的非线性滞后现象便是由颗粒间的黏结层进行控制的，目前，包括土样、水泥、混凝土和陶瓷等材料也已经被涵盖进入 NME 材料当中，该类材料的一大特点在于准静态作用下会体现出十分明显的非线性特征和所谓的"离散记忆"。若存在两个滞后回线，小应力滞后回线包含于大应力滞后回线之中，这时材料对最大应变的记忆称为离散记忆。并且他们发现非线性细观弹性材料可以使用一种细观单元来代表，他们称这种单元为滞后细观弹性单元（HMU 单元）。P-M 模型中，假设材料是由大量的、分布存在一定规律的并具有滞回性的 HMU 单元组成。在材料受力过程中，这些细观单元在细观方面所产生的滞后性造成了整体的滞后性。由此可以使用模型进行材料非线性性能的预测和模拟。由于滞后现象是很多材料都表现出的一个共性，且在岩石中表现十分明显，因此 McCall 和 Guyer[175]之后对岩石的滞后效应的研究逐渐增多，已经成为一个专门的领域。Van Den Abeele 等[179]和 Zinszner 等[180, 181]对砂岩和大理岩进行了研究，发现了流体的存在会大大增加材料的非线性，使材料的非线性更加复杂。包雪阳等[182]对岩石进行了复杂应力的加载试验，并运用 P-M 模型正演方式对各工况进行了解释和模拟。目前为止，基于 P-M 模型的非线性特性研究大多是研究压力作用下岩石的非线性特性，关于拉力作用下的混凝土的非线性特性研究较少。

P-M 模型的得出和运用方式分为两种：正演和反演。正演方法通常采用随机数逼近法，即在未知 P-M 密度函数时采用随机数方式正面得出所需已知的力学模型，而反演方法通常采用指数衰减法以及正交函数反演方法，通过已知形式的密度函数与试验数据进行拟合的方式得出具体的力学模型。通常来说，混凝土的非线性和滞后性都与混凝土的损伤程度有一定的关系。本章利用 P-M 模型来描述循环荷载下混凝土材料的滞后回线。

在 P-M 模型中，宏观的非线性现象是由滞后性细观单元 HMU 体现，滞后细观弹性单元示意图如图 6-5 所示，每一个 HMU 单元仅有两种表示方式，张开或者关闭。加载时，当材料所受拉力达到或者超过应力σ_o时，HMU 单元张开，应力-应变路径为 *A-B-C*；卸载时，当材料受力小于应力σ_c时，HMU 单元关闭，应力-

应变路径为 *C-D-A*，其中，$\sigma_o \geqslant \sigma_c$。在这里，这两个特殊的应力点 σ_o 和 σ_c 体现在所有的 HMU 单元上时，整体上表现为一个 P-M 空间（图 6-6）。在 P-M 空间上，σ_o 和 σ_c 构成了 P-M 空间的横轴和纵轴，HMU 单元分布在 P-M 空间上。在 P-M 空间上，对角线上的点表示材料的线性单元，偏离对角线越远，单元的非线性特征越明显。

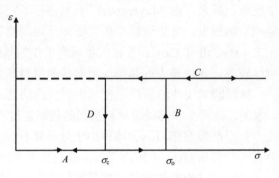

图 6-5　HMU 单元示意图

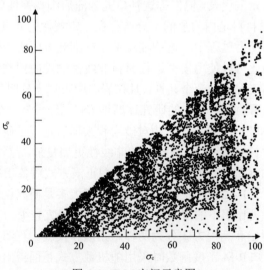

图 6-6　P-M 空间示意图

6.1.3.2　基于 P-M 模型定量描述滞回特性

在利用 P-M 模型计算时，假设混凝土在荷载作用下产生的应变由线弹性应变和非线弹性应变组成：

$$\varepsilon = \varepsilon_e + \varepsilon_{nc} = \frac{\sigma}{E_0} + \varepsilon_{nc} \tag{6-6}$$

式中，ε_{nc}代表混凝土中多种因素导致的非线弹性应变（$\mu\varepsilon$），而线弹性应变ε_e（$\mu\varepsilon$）和应力σ（MPa）呈线性关系，初始弹性模量E_0（GPa）采用混凝土所受峰值应力的 40%对应的点的割线模量进行计算，反映无损伤混凝土的弹性模量，即

$$E_0 = \frac{\sigma_{40\%}}{\varepsilon_{40\%}} \tag{6-7}$$

式中，$\sigma_{40\%}$和$\varepsilon_{40\%}$分别表示应力-应变曲线上峰值应力 40%的点对应的应力（MPa）和应变（$\mu\varepsilon$）。

在 P-M 空间中，存在 P-M 的密度函数$\mu(\sigma_o, \sigma_c)$，密度函数可以理解为 HMU单元在 P-M 空间中的分布情况。密度函数$\mu(\sigma_o, \sigma_c)$的变化很大程度上影响滞后回线的特性和形状，也就是说，HMU 单元的分布情况决定了材料的非线性性质。P-M 密度函数有很多种计算和表示方式，本章假设密度函数$\mu(\sigma_o, \sigma_c)$为如下形式：

$$\mu(\sigma_o, \sigma_c) = \exp(b \cdot \sigma_m) \cdot \exp(-k \cdot \sigma_d) \tag{6-8}$$

$$\sigma_m = \frac{\sigma_o + \sigma_c}{2} \tag{6-9}$$

$$\sigma_d = \frac{\sigma_o - \sigma_c}{2} \tag{6-10}$$

式中，b和k分别为 P-M 系数，其值随加载工况的变化而变化，如循环次数、加载频率、应力幅等。假设该密度函数为指数衰减形式，σ_m代表平均应力（MPa），σ_d代表应力幅（MPa）。试验开始时，混凝土试样中所有的 HMU 单元均处于封闭状态，整个卸载路径上的非线弹性应变由在 P-M 空间上对密度函数进行积分得到

$$\varepsilon_{nc}(\sigma(t)) = \varepsilon_{nc,max} - \int_{\sigma(t)}^{\sigma_{max}} \int_{\sigma_c}^{\sigma_{max}} \mu(\sigma_o, \sigma_c) \, d\sigma_o d\sigma_c \tag{6-11}$$

式中，$\varepsilon_{nc,max}$为卸载路径上的应力最大点所对应的非线弹性应变（$\mu\varepsilon$）。

与上式类似，再加载路径上对应的非线弹性应变可以用下式表示：

$$\varepsilon_{nc}(\sigma(t)) = \varepsilon_{nc,rev} + \int_{\sigma_{rev}}^{\sigma(t)} \int_{\sigma_c}^{\sigma(t)} \mu(\sigma_o, \sigma_c) \, d\sigma_o d\sigma_c \tag{6-12}$$

式中，$\varepsilon_{nc,rev}$为卸载路径上计算所得的应力最小点对应的非线弹性应变（$\mu\varepsilon$）。

由于本模型假定在同一个滞后回线中忽略损伤的影响，则在卸载和加载过程中参数是相同的，因此通过对 A、B 组卸载曲线进行拟合可以得到 P-M 参数k和b的表达式，并将之运用于加载曲线中。如表 6-2 和图 6-7 所示。为了消除循环次数对参数数值的影响，采用每个试件的第 16 个循环进行计算。

表 6-2 P-M 模型中衰减系数的拟合结果

试件组号	k	b
A	$k = -0.478\lg f - 1.133$	$b = k + 0.606$
B	$k = -0.502\lg f - 1.163$	$b = k + 0.583$

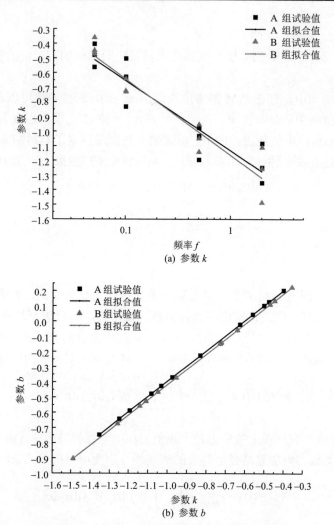

(a) 参数 k

(b) 参数 b

图 6-7 P-M 模型参数试验值和拟合结果比较

从表 6-2 中发现，参数 k 与 b 的值均随加载频率的增大而减小。参数 b 与参数 k 的差值为一常数。

图 6-8 和图 6-9 分别表示 A、B 两组试验滞后回线与 P-M 模型拟合结果的对比，结果表明 P-M 模型可以较好地模拟混凝土的滞后性。

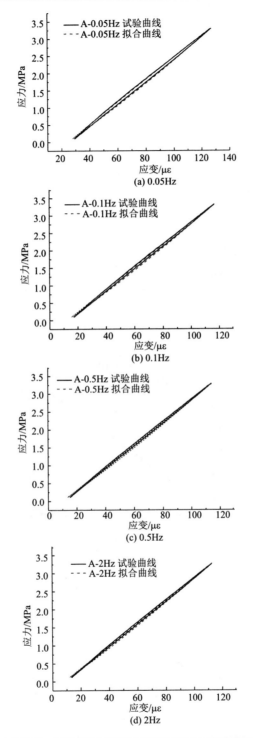

图 6-8 A 组不同加载频率的试件滞后回线和 P-M 模型模拟结果的比较

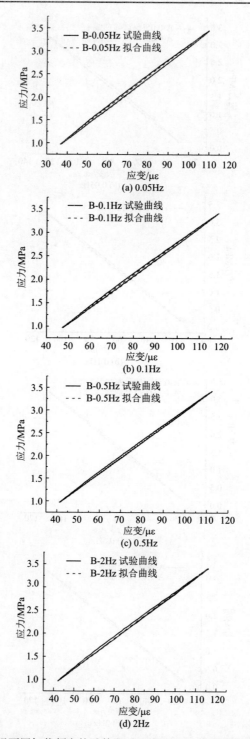

图 6-9　B 组不同加载频率的试件滞后回线和 P-M 模型模拟结果的比较

6.2   拉-压交替循环荷载下混凝土力学特性试验分析

6.2.1   拉-压循环试验方案

循环试验卸载到 6 个不同的压应力水平，再重新加载到包络线上。6 个底部的应力值分别为：0，-0.24 MPa，-0.98 MPa，-1.97 MPa，-2.95 MPa，-3.93 MPa。负号表示应力卸载到压应力。一共 6 种加载工况，每种加载工况重复三次。加载控制方式根据加载和卸载路径的要求分别采用应变控制和荷载控制，应变率为 10 με/s，荷载速率为 1 kN/s。拉-压交替循环路径示意图如图 6-10 所示。

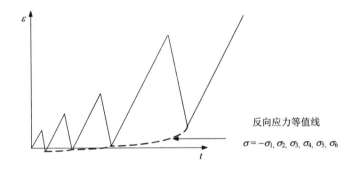

图 6-10   变应变幅的拉-压交替循环加载路径

6.2.2   包络线

循环荷载下混凝土应力-应变曲线是直接获得的试验结果。初始弹性模量 E_0，拉伸强度 f_t 和峰值应力对应的峰值应变 ε_t 都可以从应力-应变曲线中得到。18 个混凝土试件的平均直接拉伸强度为 3.84 MPa，峰值应力处对应的应变为 120.26 με，初始弹性模量为 39.74 GPa。拉伸强度、峰值应变和初始弹性模量的离散系数分别为 0.11、0.15 和 0.05。

图 6-11 所示为混凝土在单调和拉-压交替荷载下的应力-应变曲线。可以看出，单调应力-应变曲线是拉-压交替荷载下应力-应变曲线的上限，这与混凝土包络线唯一的特性是一致的。

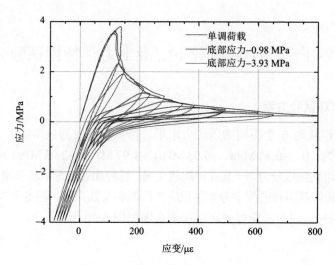

图 6-11　单调和循环拉-压交替荷载下混凝土应力-应变曲线

6.2.3　塑性应变

图 6-12（a）~（f）为卸载到不同压应力水平的循环应力-应变曲线。这些循环应力-应变曲线有以下几个共同的特点：随着循环次数的增加，卸载和重加载刚度在不断降低。塑性应变随循环加载的持续进行而逐渐增大。随着压缩应力的增加，塑性应变的增加速率降低，这是拉伸荷载下产生的裂缝在压缩荷载的作用下闭合造成的。当压应力超过−1.97 MPa，如图 6-12（d）~（f）所示，压缩荷载下的应变也是负值。然而，经过一定次数的循环，底部压应力对应的应变将变成正值。图 6-12（f）所示，如果最大压应力超过 3.93 MPa，则直至试件发生破坏最大压应力对应的不可逆的应变也一直为负值。

一般情况下，塑性应变是指卸载段应力为 0 时对应的应变。本章中，卸载段在不同的应力水平处结束，这样卸载终点对应的应变也各不相同。因此，仍然采用应力为 0 时对应的应变作为代表塑性应变累积的特征参数。应力为 0 处对应的塑性应变 ε_0 随着包络线上卸载应变 ε_{eu} 的增加而增加。ε_{eu} 为卸载开始点的应变值。图 6-13 表示应力为 0 时对应的塑性应变与混凝土包络线上卸载应变的关系。可以发现，当底部压缩应力为 0 时，塑性应变累积比相应的卸载应变更快。然而，如果底部应力为压缩应力时，塑性应变累积率就要小于施加的卸载应变。如图 6-13 所示，与卸载到应力为 0 不同，ε_0-ε_{eu} 曲线的斜率小于 1。这说明当混凝土试件受到压缩应力时，拉伸阶段产生的裂缝闭合，塑性应变累积会有部分被"压回来"。拉-压交替荷载下的混凝土循环应力-应变曲线可以分为不同的阶段，包括：弹性延伸、微裂缝开展、弹性卸载和裂缝闭合。从经典弹塑性和损伤理论得知，总应变

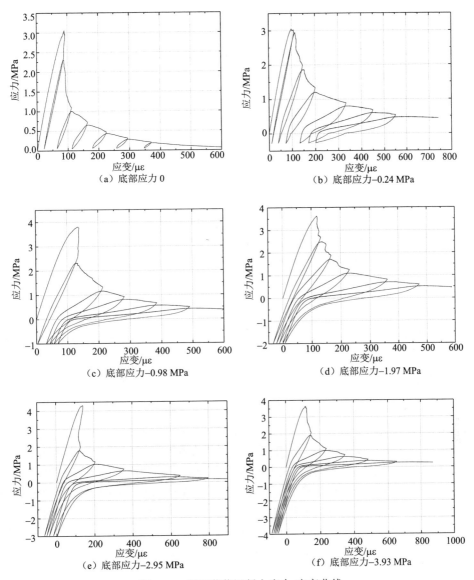

（a）底部应力 0　　　　　　　　　（b）底部应力-0.24 MPa

（c）底部应力-0.98 MPa　　　　　　（d）底部应力-1.97 MPa

（e）底部应力-2.95 MPa　　　　　　（f）底部应力-3.93 MPa

图 6-12　循环荷载混凝土应力-应变曲线

由弹性应变和塑性应变组成。弹性应变代表内部应力强度，损伤（刚度衰减）是微裂缝的扩展导致的弹性模量的降低。当混凝土试件受压时，裂缝闭合，减缓塑性应变的累积并增加相应的弹性应变。为了定量描述混凝土试件在拉-压交替荷载的作用下塑性应变的积累，提出了一个关于塑性应变积累和包络线上卸载应变之间的数学模型，如公式（6-13）所示。如图 6-13 所示，模型预测的曲线能很好地与试验结果相吻合，其相关系数为 0.98：

$$\varepsilon_0 = 0.78\varepsilon_{eu} - 70.19 \qquad\qquad (6-13)$$

式中，ε_0 和 ε_{eu} 分别表示应力为 0 时的应变（$\mu\varepsilon$）和包络线上卸载应变（$\mu\varepsilon$）。

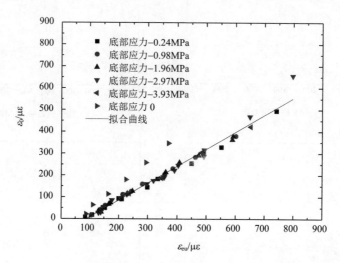

图 6-13　包络线上卸载应变 ε_{eu} 和应力为 0 时对应的塑性应变 ε_0 之间的关系

6.2.4　弹性模量

　　将卸载曲线的割线模量定义为混凝土在往复加载过程中的弹性模量，记作 E_s（GPa）。在一次循环过程中卸载曲线并不会与加载曲线重合，而且不平行于峰前加载曲线。从图 6-12（a）~（f）中可以发现弹性模量随着循环的增加而减小，表示循环加载过程中刚度是退化。弹性模量与包络线上卸载应变的关系如图 6-14 所示。从图中可以看出在卸载应变比较小的阶段，弹性模量衰减迅速，随着卸载应变的增大，弹性模量逐渐趋于稳定。当卸载应变超过 475 $\mu\varepsilon$ 时，初始弹性模量接近于 0。试验结果遵循一个共同的下降规律，且与底部压应力水平无关。弹性模量与包络线上卸载应变之间的关系可以用数学模型表示，即

$$E_s = 118 - 18.86\ln(\varepsilon_{eu}), \qquad 当 \, 0 \leqslant \varepsilon_{eu} \leqslant 475\mu\varepsilon \qquad (6-14)$$

式中，E_s 表示混凝土的弹性模量（GPa）；ε_{eu} 表示卸载应变（$\mu\varepsilon$）。

　　如图 6-14 所示，上述计算模型能够很好地表征弹性模量与卸载应变之间的关系。计算结果与试验数据的相关系数为 0.88。该公式所描述的试验结果是混凝土试件在拉-压交替循环荷载下得到的，最大卸载压应力范围为 0~3.93 MPa。根据以上分析，可以发现混凝土在拉-压交替循环荷载作用下产生的塑性应变累积比仅受到拉应力循环荷载作用时要慢。刚度衰减速率在本章研究的各种路径中都相同。

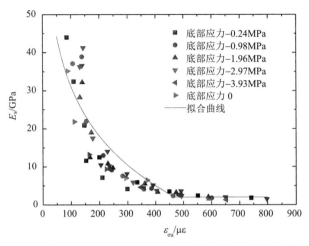

图 6-14 初始弹性模量 E_s 和包络线上卸载应变 ε_{eu} 的关系曲线

6.2.5 应力-应变关系模型

模型分析的主要目的是构建拉-压交替循环荷载作用下混凝土的应力-应变曲线模型。为了预测拉伸循环荷载下完整的应力-应变特性，可以从包络线和滞回圈两方面分别进行分析。

6.2.5.1 包络线模型

上文中提到，单调荷载下的应力-应变曲线可以认为是循环荷载下的包络线。包络线通常分两部分分别讨论：线性上升段和非线性软化段。如第 5 章所述，应力-应变曲线上升段可以通过一个简单的线性方程表示：

$$\sigma = \frac{f_t}{\varepsilon_t}\varepsilon, \qquad 当 \varepsilon \leqslant \varepsilon_t \qquad (6-15)$$

式中，σ 表示拉应力（MPa）；ε 表示拉应变（με）；f_t 表示抗拉强度值或者是峰值应力值（MPa）；ε_t 表示峰值应力所对应的应变（με），即峰值应变。

由于包络线与加载路径无关，可以用单调轴拉应力-应变曲线表示，因此，本章包络线下降段依然采用第 5 章提出的模型，如下所示：

$$\sigma = f_t\left\{a - b\frac{\varepsilon}{\varepsilon_t} + c\exp\left[d\left(1 - \frac{\varepsilon}{\varepsilon_t}\right)\right]\right\}, \qquad 当 \varepsilon \geqslant \varepsilon_t \qquad (6-16)$$

式中，四个参数分别为 $a = 0.225$，$b = 0.035$，$c = 0.81$，$d = 1.92$。

6.2.5.2　滞回曲线模型

通过对 P-M 空间上的函数进行积分可以得到非线弹性应变：

$$\varepsilon_{nc}(\sigma(t)) = \int_{-\infty}^{\infty} \int_{\sigma_c}^{\infty} \gamma_{\sigma_0 \sigma_c}(\sigma(t)) \cdot \mu(\sigma_o, \sigma_c) \, d\sigma_o d\sigma_c \qquad (6\text{-}17)$$

式中，ε_{nc} 表示非线性应变（$\mu\varepsilon$）；$\gamma_{\sigma_0 \sigma_c}(\sigma(t))$ 表示滞回状态；$\mu(\sigma_o, \sigma_c)$ 表示 P-M 空间分布函数。在 P-M 空间模型中，当一些滞回单元处于打开状态且在循环荷载下也不闭合，此时就需要考虑永久变形。

通过比较从不同卸载点卸载得到的滞回圈，可以发现 P-M 空间分布函数 $\mu(\sigma_o, \sigma_c)$ 很大程度上取决于材料的损伤程度 D。基于连续损伤力学，损伤变量是关于应力路径的非递减函数，并且在加载初始阶段损伤变量为 0，在完全破坏时为 1。假设在卸载-重加载回路中没有损伤产生。根据开始卸载点处的强度（即卸载-重新加载过程中的最大应力）确定损伤程度。损伤变量可以通过以下公式计算得到：

$$D = 1 - \frac{\sigma_{max}}{f_t} \qquad (6\text{-}18)$$

式中，f_t 表示混凝土的单轴拉伸强度（MPa）；σ_{max} 是指混凝土受到损伤 D 时所能承受的最大应力（MPa）。

总应变减去线弹性应变即可得到非线性应变。在卸载曲线开始处，非线性应变 $\varepsilon_{nc,max}$ 可以通过公式（6-17）计算得到。卸载过程中的非线性应变可以表示为

$$\varepsilon_{nc}(\sigma(t)) = \varepsilon_{nc,max} - \int_{\sigma(t)}^{\sigma_{max}} \int_{\sigma_c}^{\sigma_{max}} \mu(\sigma_o, \sigma_c) \, d\sigma_o d\sigma_c \qquad (6\text{-}19)$$

式中，σ_{max} 表示卸载开始点所对应的应力（MPa）。重加载过程中的非线性应变 $\varepsilon_{nc}(\sigma(t))$ 可以表示成：

$$\varepsilon_{nc}(\sigma(t)) = \varepsilon_{nc,rev} + \int_{\sigma_{rev}}^{\sigma(t)} \int_{\sigma_c}^{\sigma(t)} \mu(\sigma_o, \sigma_c) \, d\sigma_o d\sigma_c \qquad (6\text{-}20)$$

式中，$\varepsilon_{nc,rev}$ 是最大应力 σ_{max} 卸载到底部应力 σ_{rev} 时的非线性应变（$\mu\varepsilon$），可以通过式（6-19）计算得到。

式（6-19）和式（6-20）给出了计算非线性变形的表达式，关键问题是如何确定积分函数，即 P-M 空间中非线性单元的分布函数 $\mu(\sigma_o, \sigma_c)$。可以通过一系列指数型分析函数得到 P-M 空间分布。滞回单元的分布密度随对角线距离变化的衰减规律可以通过下式来表示：

$$\mu(\sigma_o, \sigma_c) = \exp\left(b \cdot \frac{\sigma_o + \sigma_c}{2} \right) \cdot \exp\left(-k \cdot \frac{\sigma_o - \sigma_c}{2} \right) \qquad (6\text{-}21)$$

式中，b 和 k 表示衰减参数，上述参数均取决于包络线上的卸载应变。

通过对试验结果进行拟合得到参数与卸载点混凝土的损伤之间的关系，如图 6-15 所示。结果表明参数 b 和 k 均随损伤的增加而增加，表示在远离对角线的空间内，滞回单元的分布密度在逐渐减小。

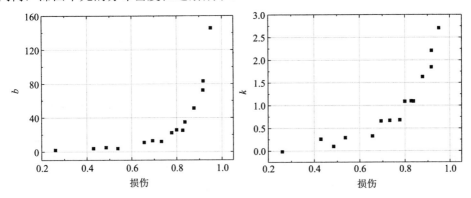

（a）参数 b 和损伤 D 之间的关系　　　（b）参数 k 和损伤 D 之间的关系

图 6-15　参数 b 和 k 与损伤 D 之间的关系

当最大压应力为 $-0.24\,\mathrm{MPa}$、$-0.98\,\mathrm{MPa}$ 和 $-1.97\,\mathrm{MPa}$ 时，式（6-19）和式（6-20）的计算值严重偏离试验值。因此对式（6-19）和式（6-20）进行改进：

$$\varepsilon_{\mathrm{nc}}(\sigma(t)) = \varepsilon_{\mathrm{nc,max}} - \int_{\sigma(t)}^{\sigma_{\max}} \int_{\sigma_{\mathrm{c}}}^{\sigma_{\max}} \mu(\sigma_{\mathrm{o}}, \sigma_{\mathrm{c}})\,\mathrm{d}\sigma_{\mathrm{o}}\mathrm{d}\sigma_{\mathrm{c}} + \left(-0.6 - \frac{5.17}{D}\right) \cdot \frac{\sigma_{\max} - \sigma(t)}{\sigma_{\max} - \sigma_{\min}} \quad (6\text{-}22)$$

$$\varepsilon(\sigma_{\mathrm{nc}}(t)) = \varepsilon_{\mathrm{nc,rev}} + \int_{\sigma_{\mathrm{rev}}}^{\sigma(t)} \int_{\sigma_{\mathrm{c}}}^{\sigma(t)} \mu(\sigma_{\mathrm{o}}, \sigma_{\mathrm{c}})\,\mathrm{d}\sigma_{\mathrm{o}}\mathrm{d}\sigma_{\mathrm{c}} - \left(-0.6 - \frac{5.17}{\ln D}\right) \cdot \frac{\sigma(t) - \sigma_{\min}}{\sigma_{\max} - \sigma_{\min}} \quad (6\text{-}23)$$

式中，D 表示损伤，可以通过公式（6-18）得到。

通过以上分析可知，循环拉-压荷载作用下的应力-应变曲线可以通过式（6-18）~式（6-23）计算得到。

6.2.5.3　模型验证

P-M 空间模型可以比较全面地描述往复荷载作用下混凝土的力学特性，包括非线性、滞回、刚度降低、刚度恢复和永久变形。通过比较计算结果和试验结果来评价本章提出的修正 P-M 模型的有效性。首先，包络线可以通过式（6-15）和式（6-16）得到。其次滞回圈可以通过 P-M 空间模型提供的式（6-18）~式（6-23）得到。将混凝土试件在拉-压交替荷载作用下的试验结果和本章提出的模型预测的结果进行比较，如图 6-16（a）~（f）所示。模拟结果与试验结果吻合较好。

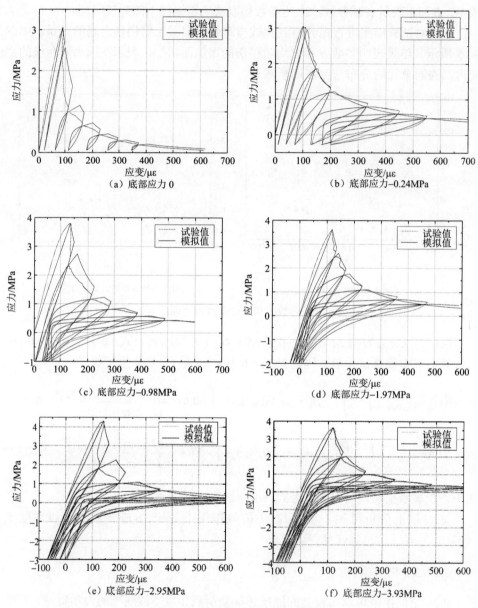

图 6-16　试验结果和模拟结果的比较

6.3　本 章 小 结

　　本章开展了混凝土的单轴拉-压交替循环试验，定量分析了混凝土的滞回特性，基于 P-M 模型构建了混凝土拉-压交替循环荷载下的应力-应变关系模型，取得的主要结论如下：

（1）在正弦波荷载下，混凝土应力波与应变波之间存在相位差，相位差导致混凝土滞回现象的产生。加载过程中应变与应力之间的相位差不同于卸载过程中应变与应力之间的相位差。因此，滞后回线形成的是一个不对称的尖叶状曲线。基于 P-M 理论构建的椭圆模型可以很好地描述混凝土的滞后回线。

（2）为了研究普通混凝土的单轴拉-压往复力学特性及本构关系，对圆柱体混凝土试件进行了单轴拉伸试验和拉-压交替往复荷载试验。试验结果表明，底部压应力水平对混凝土包络线形状没有影响。无论是单调拉伸、单纯往复拉伸抑或是拉-压交替往复荷载作用下，混凝土的应力-应变曲线都存在唯一的包络线。塑性应变随循环次数的增加而增大，弹性模量随循环次数的增加而减小。混凝土在拉-压交替往复荷载作用下的塑性应变的积累很慢，但是路径的变化对刚度退化没有影响。

（3）此外，本章提出一个单轴拉伸和拉-压交替往复荷载作用下混凝土的本构模型。该模型假设应变由线性应变和非线性应变组成。通过建立 P-M 空间中滞回单元的分布函数求出非线性变形。模型参数取决于混凝土的损伤程度，随损伤的增大而增大，说明距 P-M 空间中对角线越近，滞回单元分布密度越大。该模型能够反映拉-压交替往复荷载下混凝土的非线弹性、拉伸软化、刚度衰减、永久应变和滞回效应等特点。

7 常应力幅循环荷载下混凝土力学特性

本书第 5、6 章主要通过应变控制的轴拉循环试验研究了普通混凝土包含软化段的轴拉力学特性。当应变率超过 10^{-3} s^{-1} 时，即使以应变控制也很难获取包含软化段的应力-应变曲线，而应变率超过 10^{-4} s^{-1} 时，以应变控制的峰后软化段往复轴拉试验由于试验机控制难度较大，目前还无法实现，只能以准静态的速率进行峰后循环轴拉试验。此外，除了上述以变形为外荷载引起的循环振动以外，混凝土结构还会承受振动频率较快的循环荷载，例如机组振动产生的循环荷载，地震波引起的不同振幅、不同速率的周期振动[4]。在上述高频振动作用下，混凝土结构发生失效时，应力水平通常较高。Hsu[183]根据材料的循环破坏次数把循环次数为 1~1000 定义为"低周疲劳"，循环次数为 1000~1 000 000 定义为"高周疲劳"。本章研究内容可以归纳为"低周疲劳"范围。

对现有混凝土高应力水平下疲劳特性的研究总结发现，压缩试验多[81,86,99,102,184]，拉伸试验少，且以弯拉试验为主[33,34,88,109]。近年来，这一实际工程问题也引起了许多学者的关注[81,87,99-101,104,185]。关于混凝土在变幅循环荷载下力学特性的试验研究主要存在两个问题：第一，试验数据少，尤其是混凝土轴拉循环试验；第二，试验手段不同，导致试验结果差异较大，建立的模型只能用于某些数据，缺少通用性。

以应力控制的高应力幅循环加载试验通过在固定应力范围内循环加载，主要研究在此应力幅下随循环加载次数的增加材料的力学特性和损伤演化规律。本章拟开展高应力水平的循环轴拉试验，研究应力水平和加载频率对常应力幅循环荷载下混凝土力学特性的影响，以及多级常幅循环轴拉荷载下加载次序对混凝土轴拉力学特性的影响。分别从循环寿命、变形特性、损伤演化、耗散能等角度分析混凝土轴拉力学特性的变化规律。

7.1 单级常应力幅循环荷载下混凝土力学特性

7.1.1 常应力幅循环试验

本章试验是采用闭环控制液压试验机 MTS-810NEW 进行的，试验机量程为 250 kN。通过静态轴拉试验测得混凝土的轴拉强度 f_t，以此确定动态往复试验的

最大荷载值 f_{max}。本节进行四个应力水平（$S=f_{max}/f_t$）的循环轴拉试验，分别是 0.95，0.90，0.85，0.80。共 54 个试件用于循环轴拉试验。动态试验按照设定的试验程序连续进行直至试件破坏或循环到 500 000 次。试验程序设置如下：循环加载，荷载控制方式，正弦波信号，加载频率 4 Hz，荷载上限为 f_{max}，荷载下限为 0.2 kN，数据采集频率为 200 Hz。加载过程示意图如图 7-1 所示。

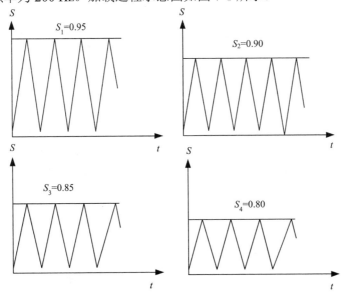

图 7-1 单级常应力幅循环加载示意图

7.1.2 循环破坏次数

对三个混凝土试件进行静态轴拉试验得到其静态轴拉峰值荷载分别为 14.27 kN、15.08 kN、15.72 kN，取三者平均值作为峰值荷载 f_t=15.02 kN。则四种应力比循环加载荷载上限 f_{max} 分别为 14.27 kN、13.52 kN、12.77 kN、12.02 kN。

四种不同应力水平下混凝土动态往复轴拉寿命及破坏概率如表 7-1 所示。试验结果表明在任一应力比下混凝土的动态轴拉寿命表现出很大的离散性。因此，对试验结果做如下处理：将同一应力比下的动态轴拉循环次数按照从小到大依次排序 r（$r=1,2,\cdots,n$，n 为一组试验的试件个数），计算各循环次数相对应的破坏概率 P（$P=r/(n+1)$），计算结果如表 7-1 所示。将计算的破坏概率与循环次数的对数值绘在图 7-2 中，发现二者之间呈线性关系，表明混凝土动态轴拉破坏概率呈对数正态分布。

传统的动态循环试验研究主要关注破坏寿命与应力比之间的关系，经典的模型有 Aas-Jakobsen 和 Lenschow 提出的模型[108]。然而由于试验结果离散性很大，上述简单的经典模型并不能很好地预测混凝土循环寿命。本章考虑了试验结果的离散性，建立不同破坏概率下的破坏次数与应力水平之间的关系，如图 7-3 所示。概率 P 为 0.1~0.9 时，循环次数与应力水平呈对数线性关系，即 $S=a+b\lg N_f$。线性拟合参数及相关系数如表 7-2 所示。拟合结果表明在不同概率下应力水平 S 与循环次数的对数 $\lg N_f$ 之间有较好的线性关系，线性拟合相关系数在 0.981~0.999。这样在预测混凝土循环破坏寿命时，可以根据工程的重要性使用不同概率下的预测模型，也可以把 $P=0.5$ 时的 S-N_f 作为混凝土循环轴拉平均寿命预测公式。

表 7-1　不同应力比下混凝土轴拉循环次数及破坏概率

序号	$S=0.95$		$S=0.90$		$S=0.85$		$S=0.80$	
	N_f	P	N_f	P	N_f	P	N_f	P
1	17	0.08	141	0.08	960	0.06	2409	0.06
2	54	0.17	209	0.15	1286	0.12	3683	0.12
3	60	0.25	281	0.23	2442	0.19	4695	0.17
4	98	0.33	331	0.31	3683	0.25	5296	0.24
5	103	0.42	410	0.38	4243	0.31	9387	0.29
6	135	0.50	436	0.46	5489	0.38	15777	0.35
7	217	0.58	551	0.54	6372	0.44	18046	0.41
8	240	0.67	579	0.62	7408	0.50	24660	0.47
9	376	0.75	1054	0.69	9387	0.56	58786	0.53
10	443	0.83	2432	0.77	10572	0.62	78399	0.59
11	884	0.92	3224	0.85	11974	0.69	132923	0.65
12			4234	0.92	17549	0.75	233202	0.70
13					20978	0.81	302782	0.77
14					38790	0.88	500000*	0.82
15					47323	0.94	500000*	0.88
16							500000*	0.94

* 表示循环加载次数达到 500 000 时试件没有发生破坏

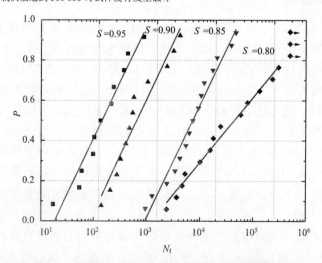

图 7-2　混凝土循环轴拉破坏概率与循环次数的关系

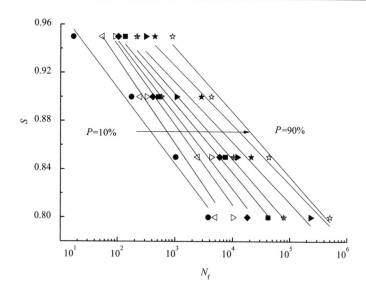

图 7-3　不同破坏概率下循环次数与应力比的关系

表 7-2　不同概率下 S-lg N_f 线性关系拟合系数

P	a	b	r
0.1	−0.08054	1.088565	0.996
0.2	−0.07502	1.088184	0.981
0.3	−0.06638	1.075695	0.983
0.4	−0.06178	1.07045	0.987
0.5	−0.06018	1.078435	0.984
0.6	−0.05434	1.065292	0.985
0.7	−0.05002	1.062049	0.985
0.8	−0.04897	1.072326	0.991
0.9	−0.05183	1.08946	0.999

7.1.3　变形特性

　　不同应力水平下混凝土的典型应力-应变曲线如图 7-4 所示。对于每一个循环，卸载曲线都不与加载曲线重合，而是形成滞回环，这是混凝土的非线弹性造成的。卸载至最小荷载（接近 0）时应变不能完全恢复，而是产生一定的残余变形 ε_r。相应地，重新加载至最大荷载时，应变不同于前一个循环的最大应变 ε_{max}，而是有一定的增加。随着加载循环的不断增加，残余应变和最大应变也都随之不断积累。在循环初始阶段，应力-应变曲线比较稀疏，随着加载的进行越来越密集，临近破坏时突然变稀疏直至破坏，呈现出明显的三阶段破坏过程。不同应力幅试验结果均呈现相同的规律，但随循环加载应力幅的减小，应力-应变曲线越密集。

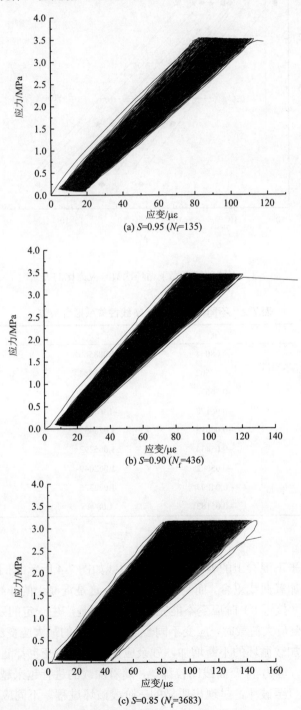

(a) S=0.95 (N_f=135)

(b) S=0.90 (N_f=436)

(c) S=0.85 (N_f=3683)

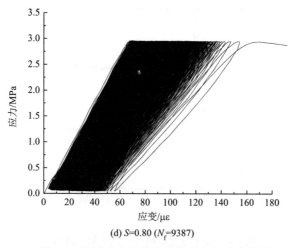

(d) S=0.80 (N_f=9387)

图 7-4 不同应力比循环荷载下应力-应变曲线

　　为了进一步研究混凝土动态破坏过程，将总应变和塑性应变随循环次数累积过程分别绘于图 7-5 和图 7-6 中。结果表明总应变和塑性应变累积过程呈典型的三阶段：快速累积-线性稳定累积-加速累积。快速累积阶段大概占总循环过程的前10%；稳定累积过程时间最长，从循环过程的 10%开始直至 90%，这一过程类似于徐变；由前两个过程的累积损伤导致的加速失稳破坏阶段占循环过程的最后10%左右。由图 7-5 可以看出，随应力幅的减小，破坏时的极限应变反而增大，这是由于应力比越小，循环加载的过程持续时间越长，徐变效应越明显，产生的变形越大。

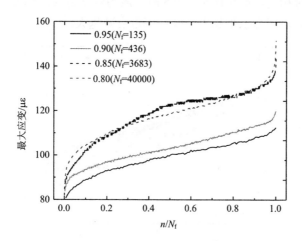

图 7-5 最大应变随循环加载的累积曲线

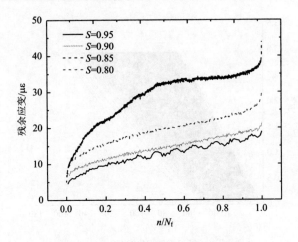

图 7-6　残余应变随循环加载的累积曲线

7.1.4　弹性模量

　　不同应力幅下混凝土的弹性模量随加载循环比的衰减过程如图 7-7 所示。由于混凝土材料本身的离散性，不同应力幅下混凝土的初始弹性模量不相等，但离散性不大，集中在 41~43 GPa 之间。尽管初始弹性模量不同，即材料本身力学性质存在差异，但是弹性模量在疲劳加载过程中的衰减规律一致，均是呈三阶段逐渐衰减过程。为了更直观地反映应力水平对弹性模量衰减的影响，可以将弹性模量进行归一化处理，结果如图 7-8 所示。从图 7-8 中可以看出，四种应力幅下混凝土弹性模量随加载循环比的衰减速率有所区别，四条弹性模量衰减曲线在加载循环比大约为 0.5 时相交，循环比小于 0.5 时，应力水平越大，弹性模量衰减越慢，循环比大于 0.5 时，应力水平越大，弹性模量衰减越大。

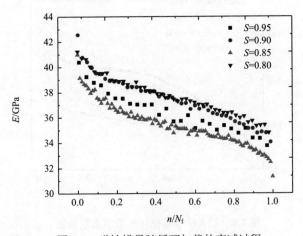

图 7-7　弹性模量随循环加载的衰减过程

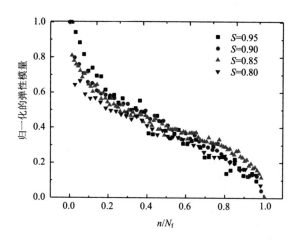

图 7-8　归一化的弹性模量衰减过程

7.1.5　能量耗散

循环加载过程中混凝土材料的耗散能能够反映混凝土材料的非线性滞回程度[46]。Paskova 和 Meyer[186]发现混凝土的总耗散能与疲劳抗压强度有直接关系，在相同的应力水平条件下，混凝土的总耗散能随材料强度的增大而增大。当混凝土材料相同时（假设静态强度相等），耗散能随应力水平的减小而增大。研究结果表明循环荷载下混凝土耗散能比循环破坏次数离散性小得多，因此，基于耗散能建立的循环破坏次数预测模型也更可靠[187]。

图 7-9 表示应力水平为 0.85 时轴拉往复荷载下部分循环应力-应变曲线。从图中可以看出，应力-应变滞回圈形成的面积随加载过程的进行并非常量。如图 7-10所示，将滞回圈面积定义为混凝土在加、卸载过程中的耗散能，进一步研究耗散能的变化规律。加载曲线下的面积为一个循环周期中荷载所作的单位体积能，即 $ABCD$ 所围成的面积 S_{loading}；卸载曲线下的面积为一个循环周期中可释放的单位体积弹性变形能，即 $BCFE$ 所围成的面积 $S_{\text{unloading}}$；两者面积之差为单位体积耗散能，即滞回环面积 $S_{\text{hysteresis}}$。可以将 S_{loading} 和 $S_{\text{unloading}}$ 分割成若干个曲边小梯形面积，然后利用积分的方法求出滞回环面积 $S_{\text{hysteresis}}$，即

$$
\begin{aligned}
S_{\text{hysteresis}} &= S_{\text{loading}} - S_{\text{unloading}} \\
&= \sum_{\text{loading}} (\sigma_i + \sigma_{i+1}) \cdot (\varepsilon_i + \varepsilon_{i+1})/2 - \sum_{\text{unloading}} (\sigma_i' + \sigma_{i+1}') \cdot (\varepsilon_i' + \varepsilon_{i+1}')/2
\end{aligned}
\tag{7-1}
$$

式中，σ_i 和 ε_i 分别表示加载曲线上 i 点对应的应力（MPa）和应变（$\mu\varepsilon$）；σ_{i+1} 和 ε_{i+1} 分别表示加载曲线上 $i+1$ 点对应的应力（MPa）和应变（$\mu\varepsilon$）；σ_i' 和 ε_i' 分别表示卸载

曲线上 i 点对应的应力（MPa）和应变（με）；σ'_{i+1} 和 ε'_{i+1} 分别表示卸载曲线上 $i+1$ 点对应的应力（MPa）和应变（με）。由公式（7-1）可以计算出滞回环的面积，即每个加卸载过程中混凝土的耗散能。

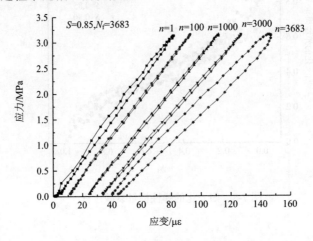

图 7-9　部分循环应力-应变曲线

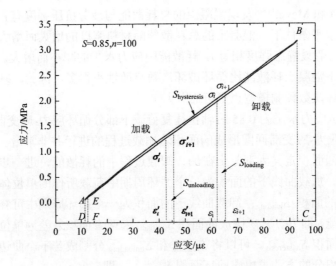

图 7-10　耗散能计算方法示意图

　　将四种不同应力水平循环荷载下混凝土每个循环产生的耗散能绘于图 7-11 中。从图中可以看出四种应力水平循环加载的情况，耗散能随加载历程均呈现先减小然后趋于稳定增大，临近破坏前加速增大，也表现出明显的三阶段破坏过程。加载初始阶段，由于混凝土试件自身的缺陷导致耗散能不稳定。在反复加卸载若干循环之后，初始缺陷逐渐消除，混凝土材料内部结构趋于"均质化"，耗散能也趋于稳定。在循环加载过程中，试件内部损伤不断累积，故耗散能也逐渐增大。临近破坏时，试件内部损伤累积到一定程度已经趋于破坏的临界点，此时耗散能加速增大直至试件完全断裂。

从图 7-11 可以看出应力幅越大，每个循环的耗散能也越大。这是由于荷载幅值越大，每个加卸载循环对试件产生的塑性变形也越大，因而耗散能也相应增大。

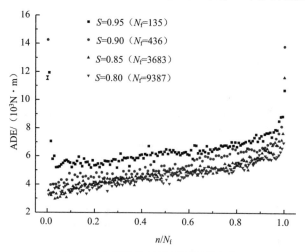

图 7-11 耗散能随循环过程的变化

Aramoon[46]研究表明耗散能可以综合反映混凝土的强度和阻尼效应，因此本章拟建立耗散能与混凝土循环破坏次数之间的关系。

在整个循环加载过程中混凝土试件的全部耗散能由每个循环的耗散能累加得到，记为 TDE。图 7-12 表示循环破坏次数 N_f 与总耗散能 TDE 之间的关系。四种应力水平下二者之间的关系均呈对数线性关系。

将总耗散能 TDE 除以疲劳寿命 N_f 得到的值定义为平均耗散能 ADE。图 7-13 表示平均耗散能与循环破坏次数之间的关系。观察数据并不断尝试，最终建立二者之间关系可以用如下幂函数表示：

$$N_f = a\text{ADE}^b \tag{7-2}$$

式中，a 和 b 为参数。

将幂函数两边同时取自然对数，上式变为线性函数，如下式所示：

$$\ln(N_f) = \ln a + b\ln(\text{ADE}) \tag{7-3}$$

式中，$\ln a = -4.77$，$b = 15.45$。拟合曲线与试验值如图 7-13 所示。

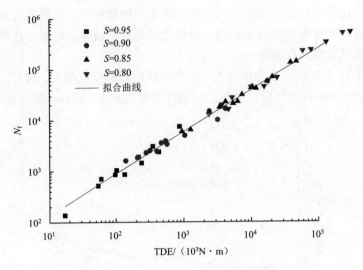

图 7-12　循环次数与总耗散能的关系

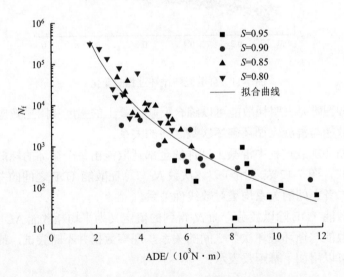

图 7-13　循环次数与平均耗散能的关系

　　上述线性回归模型是基于最小二乘法建立的，因此有必要对模型的有效性进行检验。

1）F 检验法

当 H_0 成立时，检验统计量 F 的计算如下式：

$$F = \frac{MS_A}{MS_E / (n-2)} \sim F(1, n-2) \tag{7-4}$$

式中，MS_A 为回归均方差，MS_E 为剩余均方差。计算结果如表 7-3 所示。在给定显著性水平下，由 F 分布表查得临界值 $F_\alpha(1, n-2) = 4.08$，由试验值计算出统计量 $F = 268.72 > F_\alpha(1, n-2)$，则拒绝零假设，即认为线性回归显著。

2）t 检验法

当 H_0 成立时，由试验值计算出检验统计量 t，若满足 $t > t_\alpha$，则拒绝零假设，认为线性回归显著。在给定显著性水平 α 下，由 t 分布表查得临界值 $t_{\alpha/2}(n, 2) = 2.01 < t = 54.26$。因此线性回归显著。

3）相关系数检验法

表 7-3 给出了模型的相关系数（r^2）为 0.85，表明模型计算结果与试验值相关性较好。标准差（standard error）是衡量计算结果与试验值之间误差的统计量，标准差越小，表明模型拟合效果越好。

表 7-3　线性回归模型检验（α=0.05）

方差来源		回归方差	残余方差	总方差
	自由度	1	49	50
	平方和	227.37	41.46	268.83
F 检验法	均方	227.37	0.81	
	F	268.72		
	F	4.08		
t 检验法	t	54.26		
	$t_{\alpha/2}$	2.01		
相关系数检验法	r^2	0.85		
	标准差	2.22		

7.2　加载频率对常应力幅循环荷载下混凝土力学特性的影响

7.2.1　不同频率的常应力幅循环试验

由于第一批混凝土试件已经全部用完，重新浇筑一批圆柱体混凝土试件，试件尺寸与前一批试件相同，混凝土各组分的质量比为：水：水泥：河沙：碎石=0.5：1：1.63：2.66，为了增加新拌混凝土的流动性，掺入水泥质量 0.5% 的聚羧酸减水剂，与前文混凝土的配比不同，且混凝土材料本身离散性较大，因此试验结果不完全一致。应力比 S 为 0.95，0.90，0.85，加载频率 f 为 1/4 Hz，1 Hz，4 Hz，最大荷载 $f_{max} = S \cdot f_t$，f_t 表示混凝土的静态轴拉强度，最小荷载 f_{min} 为 0.2 kN。三种应力水平三种频率交叉共九种加载工况，为了减小试验误差的影响，每种加载工况重复试验 4 次。

7.2.2 循环破坏次数

不同加载工况下混凝土轴拉循环破坏次数如图 7-14 所示。结果表明，试验结果有一定的离散性，关于试验结果的离散性已经在本章前一节内容进行了统计分析，本节不做详细分析，只取重复试验结果的平均值作为研究对象。

本书 7.1 节已经研究了正弦波加载情况下加载应力水平对循环破坏次数的影响。本节主要研究加载频率对循环破坏次数的影响。图 7-14 中小符号表示每一个试验数据，大符号表示每组试验结果的平均值。试验结果虽然具有一定的离散性，但试验结果平均值仍然能够反映应力水平和加载频率对循环破坏次数的影响。总体来讲，加载频率对循环破坏次数影响较大，加载频率增大，循环破坏次数也随之增大。造成这种现象的主要原因有两个方面：加载频率较大时，混凝土中的裂缝来不及充分扩展就进入卸载阶段，即使产生的较小的微裂纹也会在卸载过程中重新闭合，这与混凝土在动态荷载作用下强度会有一定程度的增加机理相同。循环加载过程中混凝土的应力加载速率为

$$\dot{\sigma} = 2f\Delta\sigma \tag{7-5}$$

式中，$\dot{\sigma}$ 表示加载速率（MPa/s）；f 表示加载频率（Hz）；$\Delta\sigma$ 表示加载应力幅（MPa）。

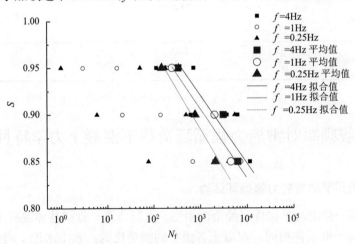

图 7-14 不同加载频率下混凝土循环破坏次数

拉伸强度随加载速率的增大而增加[188]。静态加载速率为 0.3 MPa/s，而循环加载速率通常要比静态加载速率大很多。以应力水平 0.9 为例，加载频率为 1/4 Hz、1 Hz 和 4 Hz 对应的加载速率为 1.39 MPa/s、5.55 MPa/s 和 22.21 MPa/s。

FIB Code 2010[189]根据混凝土静动态拉伸强度试验结果提出拉伸荷载下混凝土强度提高因子（dynamic increase factor，DIF）的计算公式：

$$\text{DIF} = \frac{f_{t,d}}{f_{t,s}} = \left(\frac{\dot{\sigma}_d}{\dot{\sigma}_s}\right)^{0.018}, \quad \dot{\sigma} \leqslant 400 \text{ GPa/s} \tag{7-6}$$

式中，$f_{t,d}$ 和 $f_{t,s}$ 分别表示混凝土的动、静态拉伸强度（MPa）；$\dot{\sigma}_d$ 和 $\dot{\sigma}_s$ 分别表示动、静态加载速率（MPa/s）。

结合式（7-5）和式（7-6）可知，试验开始设置的应力水平 0.9 并不是真实的应力水平，真实的应力水平会比设置值小。主要是动态强度随加载频率的增大而提高造成的。如果用动态强度代替静态强度计算加载应力水平，三种加载频率下应力水平为 0.9 的真实加载应力水平为 0.875（1/4 Hz）、0.854（1 Hz）和 0.833（4 Hz）。

另一方面，在往复加载过程中只有当应力水平超过某一临界值 σ_{sh} 时才会对混凝土产生不可逆损伤，把大于临界应力水平的应力称为有效应力 σ_{effect}，因此有效应力在混凝土试件的作用时间决定了混凝土损伤累积的速度。假设损伤累积速率为 $\mathrm{d}D/\mathrm{d}n$，因此循环加载次数相同时，加载频率较大的工况有效应力的作用时间比加载速率小的要小很多。假设加载频率 f 为 4 Hz，混凝土的损伤累积速率为 $(\mathrm{d}D/\mathrm{d}n)_{f=4Hz}$，加载频率 f 为 1 Hz 的损伤累积速率为 $(\mathrm{d}D/\mathrm{d}n)_{f=1Hz}$，由上所述 $(\mathrm{d}D/\mathrm{d}n)_{f=4Hz}<(\mathrm{d}D/\mathrm{d}n)_{f=1Hz}$。如果忽略循环加载过程中的往复效应，那么累积损伤速率 $(\mathrm{d}D/\mathrm{d}n)_{f=4Hz}=1/4(\mathrm{d}D/\mathrm{d}n)_{f=1Hz}$，循环加载次数 $(N_f)_{f=4Hz}=4(N_f)_{f=1Hz}$。然而，混凝土在往复加载过程中的损伤是时间和往复效应共同作用的结果，所以循环破坏次数并非上述与频率呈线性关系。

为了定量描述加载频率对循环破坏次数的影响，建立了三种频率下混凝土循环破坏次数与应力水平之间的关系数值模型，模型拟合曲线与试验数据吻合较好，三种频率下应力水平与相应的循环破坏次数呈对数线性关系。

$$f=4 \text{ Hz 时，} \quad S = -0.072 \lg N_f + 1.14, \quad r^2 = 0.92 \tag{7-7a}$$

$$f=1 \text{ Hz 时，} \quad S = -0.074 \lg N_f + 1.13, \quad r^2 = 0.90 \tag{7-7b}$$

$$f=1/4 \text{ Hz 时，} \quad S = -0.080 \lg N_f + 1.14, \quad r^2 = 0.98 \tag{7-7c}$$

本章不同加载频率下混凝土轴拉循环破坏次数 N_f 与加载应力水平 S 之间的试验数据和其他文献中的数据[94,190-192]与文献[193-195]中的关系曲线共同绘于图 7-15 中。Model Code 90 和 Model Code 2010 适用于加载频率大于 0.1 Hz、最大应力水平 S 小于 0.9 的情况，Eurocode 2 的应用不受条件限制。

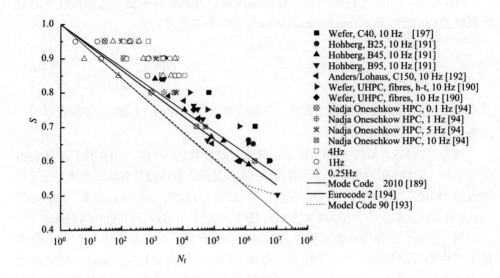

图 7-15　不同加载频率下文献的数据 S-N_f 模型的比较

　　从图 7-15 可以看出本章试验数据与文献中的试验数据规律基本一致，即随加载频率的增大，循环破坏次数增大；随加载应力水平的增大，循环破坏次数减小。除了本章的试验数据和文献[191]的数据与模型中的 S-N_f 曲线比较接近，Model Code 90 模型最偏于安全，其次是 Eurocode 2 模型，最后是 Model Code 2010 模型，与文献中试验数据相比，三个模型都偏于保守。

7.2.3　弹性模量

　　本章中，混凝土材料的刚度可定义为卸载曲线的割线模量 E_s。Do 等[184]以第二循环卸载曲线的割线模量作为参考值，研究发现混凝土的刚度随着加载循环的进行呈现与应变演化相似的衰减规律，即三阶段衰减规律。对不同的应力加载水平，试件破坏时的残余刚度为初始刚度的 75%~95%，加载应力水平越高，刚度衰减百分比越小[81]。刚度衰减程度随混凝土强度的增大而减小[81,126,196]。加载应力水平和加载幅值越小，刚度衰减程度也越小[196]。图 7-16 为三种加载频率三种应力水平下混凝土往复轴拉过程中刚度衰减过程。结果表明，在各种加载工况下，混凝土在往复轴拉过程中的刚度衰减均呈现出稳定的三阶段过程。

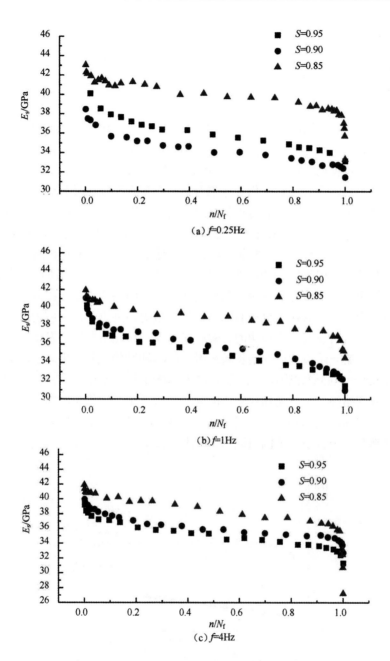

(a) f=0.25Hz

(b) f=1Hz

(c) f=4Hz

图 7-16　九种工况下混凝土弹性模量衰减过程

7.2.4　应变

在混凝土疲劳试验中，应变随加载次数的演化是研究混凝土在循环加载过程中力学特性的主要内容。应变的发展规律可以用 S 形曲线表示，可大致分为三阶段破坏过程。混凝土材料本身的微裂缝、孔隙等材料缺陷导致第一阶段为非稳定发展阶段，这一阶段相对较短暂，约占整个循环过程的 10%~20%。随着循环加载的进行，开始进入稳定的裂纹扩展阶段，即为第二阶段，此阶段持续时间最长，占总循环加载过程的 70%~80%。第三阶段是裂缝局部发展的阶段，由前两个阶段损伤的逐渐累积，导致各种损伤加速耦合，裂纹聚合形成明显裂缝导致裂缝加速扩展，直至破坏，这一阶段非常短暂，约占整个过程的 5%~10%，通常表现为混凝土材料的突然破坏现象。Wefer[197]通过研究超高强混凝土的疲劳力学特性发现，应变的三阶段演化过程中第一和第三阶段较普通混凝土应变演化会缩短。

图 7-17 所示为不同频率和不同应力幅下应变随循环加载次数的累积规律。本章试验结果也证实了应变的三阶段演化规律。现有的关于混凝土疲劳试验的研究主要集中在应变演化规律的分析和循环破坏次数的预测方面，对应力水平、加载频率等试验参数对应变演化规律的影响研究较少。Holmen[81]研究发现当加载应力水平越大时，第一阶段的应变增长越缓慢。Do 等[184]的试验结果表明混凝土的破坏应变在 0.28%~0.35%范围内，比单调破坏的峰值应变略大。对普通混凝土而言，循环破坏应变始终大于单调加载峰值应变[81]。本章试验结果表明加载频率和应力幅对混凝土破坏应变影响较小，无论何种加载工况，混凝土破坏时的塑性应变和最大应变都在一个较小的范围内波动，塑性应变大约等于 40 $\mu\varepsilon$，最大应变大约为 120 $\mu\varepsilon$。

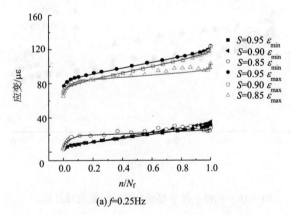

(a) f=0.25Hz

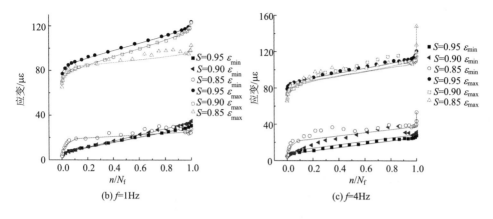

(b) f=1Hz   (c) f=4Hz

图 7-17   应变的三阶段演化规律

图中 ε_{max}, ε_{min} 分别表示最大应力和最小应力对应的应变

7.3   多级常应力幅循环荷载下混凝土力学特性

单级常应力幅循环荷载下混凝土的力学特性已在 7.1 节和 7.2 节进行详细系统的研究。然而，在实际工程中，很少有常应力幅循环荷载工况，通常发生的是多级常应力幅循环荷载和随机荷载，随机荷载可以通过雨点法转换成多级常应力幅循环荷载。因此，研究多级常应力幅循环荷载作用下混凝土的力学特性和损伤累积具有实际工程意义，是本小节的主要研究内容。

7.3.1   多级常应力幅循环试验

采用三种应力水平（S=0.95，S=0.90，S=0.85）进行多级常幅循环加载试验，两级和三级常幅共 12 种组合试验方案，试验过程示意图见图 7-18（a）。A、B、C 三种工况表示先在较低荷载水平 S_1 下循环加载 n_1 次，n_1/N_{f1}=0.2（N_{f1} 表示在荷载水平 S_1 下的混凝土循环破坏次数），然后调至较高的荷载水平 S_2 继续进行循环加载至试件破坏为止。D、E、F 三种加载工况与 A、B、C 三种工况相反，表示先在较高的荷载水平 S_1 下循环加载 n_1 次，n_1/N_{f1}=0.2，然后调至较低的荷载水平 S_2 继续进行循环加载至试件破坏为止。三级常幅加载排列组合共 6 种不同顺序的加载制度，如图 7-18（b）所示。首先在荷载水平 S_1 下循环加载 n_1 次，n_1/N_{f1}=0.1（N_{f1} 表示在荷载水平 S_1 下的混凝土循环破坏次数），然后在荷载水平 S_2 继续进行循环加载 n_2 次，n_2/N_{f2}=0.1（N_{f2} 表示在荷载水平 S_2 下的混凝土循环破坏次数）。加载波形为正弦波，加载频率为 4 Hz，数据采集频率为 200 Hz。

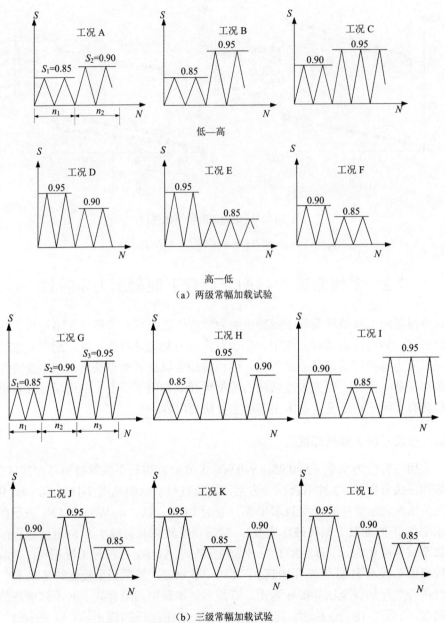

图 7-18　多级常应力幅循环加载试验工况示意图

7.3.2　循环破坏次数

由三个应力水平常幅往复荷载下混凝土的循环破坏次数分别为 $N_f(0.95)=776$，$N_f(0.90)=4150$，$N_f(0.85)=39770$，由此确定两阶段循环加载试验第一级加载水平对应的循环次数分别为 $n_1(0.95)=196$，$n_1(0.90)=830$，$n_1(0.85)=7954$。循环加载次数试验结果如表 7-4 所示。两级应力水平循环加载下的循环次数比之和 $M=n_1/N_{f1}+n_2/N_{f2}$ 并不等于 1，低—高两级应力水平循环加载工况下，$M>1$，而高—低两级应力水平循环加载工况下，$M<1$。三级常幅循环破坏次数比累积之和 $M \neq 1$，结果表明，在两级应力水平循环加载下混凝土的损伤累积表现出非线性。

表 7-4 多级常应力幅荷载下混凝土的循环破坏次数

试样	S_1	n_1	n_1/N_{f1}	S_2	n_2	n_2/N_{f2}	S_3	n_3	n_3/N_{f3}
1	0.85	7954	0.2	0.90	3432	0.83			
2	0.85	7954	0.2	0.95	583	0.75		低—高，$M>1$	
3	0.90	830	0.2	0.95	652	0.84			
4	0.95	156	0.2	0.90	1975	0.48		高—低，$M<1$	
5	0.95	156	0.2	0.85	3548	0.09			
6	0.90	830	0.2	0.85	17415	0.44			
7	0.85	3977	0.1	0.90	415	0.1	0.95	722	0.93
8	0.85	3977	0.1	0.95	78	0.1	0.90	4259	1.03
9	0.90	415	0.1	0.85	78	0.1	0.95	539	0.69
10	0.90	415	0.1	0.95	3977	0.1	0.85	17853	0.45
11	0.95	78	0.1	0.85	3977	0.1	0.90	14675	3.54
12	0.95	78	0.1	0.90	415	0.1	0.85	2478	0.06

7.3.3 应变

图 7-19（a）和（b）分别表示加载次序为低—高和高—低的典型应力-应变曲线。图 7-19 表明无论加载次序是高—低还是低—高应力水平，应力-应变曲线与等循环荷载下相同，均表现出疏—密—疏三阶段演化过程。在加载初始阶段，由于混凝土试件内部的孔隙，水化反应产生的微裂纹等造成应力-应变曲线比较稀疏，加卸载若干循环之后，初始缺陷得到削弱，试件内部的微裂纹、孔隙分布趋于均匀，应力-应变曲线表现出稳定的滞回过程。在这个过程中，应变随加载循环的进行逐渐累积，当应变累积到一定程度时，应力-应变曲线变得稀疏，表现为混凝土试件的加速破坏。

在循环加载过程中，应变的累积实质上是混凝土内部裂纹的不断扩展过程。图 7-20（a）和（b）分别表示低—高和高—低两级应力水平往复荷载下混凝土的最小应变（即为塑性应变）和最大应变随加载过程的变化。从图中可以看出，应变的累积过程与等幅循环荷载下相似，也表现为 S 形曲线的演化过程。第一阶段快速增长，第二阶段呈线性累积过程，累积速率为常数，当应变累积到一定程度时，混凝土内部裂纹开始聚核形成局部裂缝，局部裂缝的形成标志着混凝土进入加速破坏阶段，变形也加速累积。在低—高两级应力水平加载工况下，从低应力

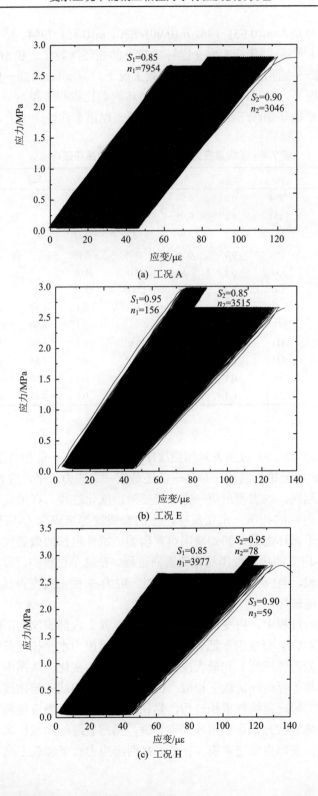

(a) 工况 A

(b) 工况 E

(c) 工况 H

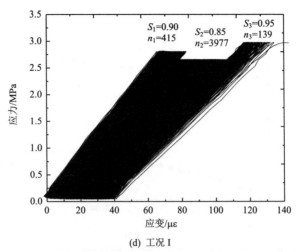

(d) 工况 I

图 7-19　典型的多级常应力幅循环荷载下混凝土应力-应变曲线

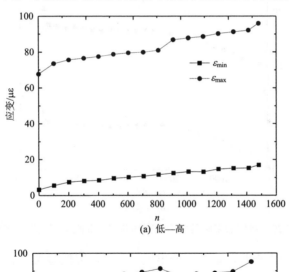

(a) 低—高

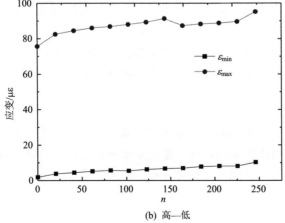

(b) 高—低

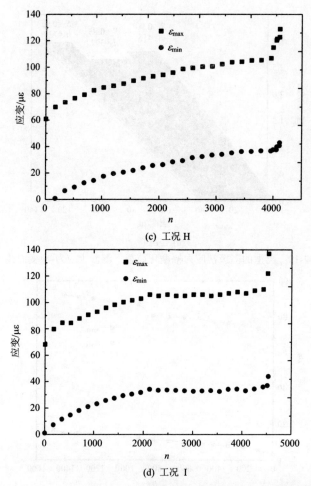

(c) 工况 H

(d) 工况 I

图 7-20　典型的多级常应力幅循环荷载下混凝土应变累积过程

水平加载到高应力水平时，最大应变出现转折点，突然增大。最小应变不会因为应力水平提高而突然增大，仍然表现为稳定的增长过程。在高—低两级应力水平加载工况下，应力水平降低时，最大应变也会往回缩。但是塑性应变并没有像最大应变一样表现回缩现象，而是持续增大，这也证实了塑性变形的不可逆性。

7.3.4　弹性模量

图 7-21 表示多级常应力幅循环荷载下混凝土的刚度随加载次数的衰减，从图中可以看出无论加载次序如何，刚度都是随循环加载次数单调衰减，并且表现出三阶段衰减规律，即快速衰减—稳定衰减—加速衰减。

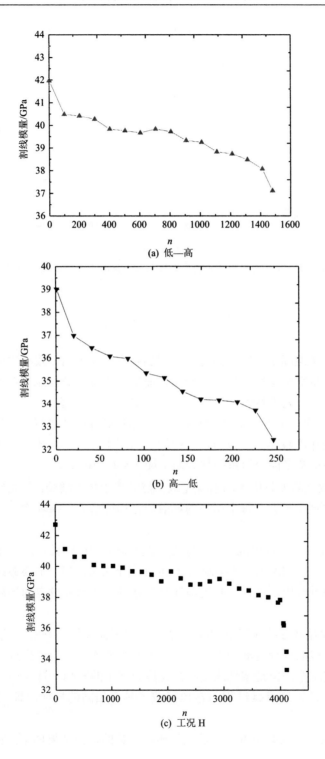

(a) 低—高

(b) 高—低

(c) 工况 H

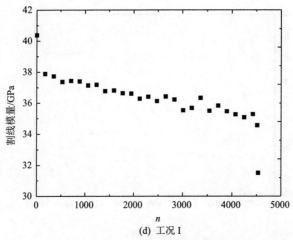

(d) 工况 I

图 7-21　典型的多级常应力幅循环荷载下混凝土弹性模量衰减过程

7.4　本　章　小　结

本章开展了混凝土不同应力比、不同加载频率和不同加载次序的高应力幅循环轴拉试验。从循环破坏次数、应变累积速率、刚度衰减和能量耗散的角度研究了混凝土循环轴拉力学特性。获得以下主要结论：

（1）加载应力水平一定时，频率越大，循环破坏次数也越大；相同的加载频率下，循环破坏次数随加载应力水平的增大而减小，同一加载频率下加载应力水平与循环破坏次数之间呈对数线性关系，即 $S = a + b \lg N_f$。

（2）耗散能随加载历程均呈现先减小然后趋于稳定增长，临近破坏前加速增大。加载应力水平越大，每个循环的耗散能也相应增大。循环次数与平均耗散能呈幂函数关系。

（4）循环加载过程中混凝土的刚度逐渐衰减，但破坏前最后一个循环时试件的刚度为试件初始刚度的 70%~80%，而并非完全失去刚度，主要原因是以应力控制的循环加载过程中，试件在临近破坏时的强度无法承载设定的加载应力水平，发生突然破坏。

（5）变幅循环轴拉荷载下混凝土的应力-应变曲线呈疏—密—疏三阶段过程。应变随循环加载的进行逐渐增大，在应力突然增大或减小的转折点，最大应变也会随之增大或减小，但是塑性应变不会受应力水平的影响，持续增长。多级常幅荷载下混凝土的刚度衰减过程与常幅荷载下具有相同的规律，即呈三阶段衰减过程。

（6）两级常幅荷载下混凝土的循环破坏次数的试验结果如下：低—高加载次

序混凝土累积循环破坏次数比 $M > 1$，相反，则 $M < 1$；多级常幅荷载下混凝土的循环破坏次数比之和不等于 1，表明加载次序和历史荷载对混凝土循环破坏次数有影响，混凝土的损伤演化是非线性的。

8　循环轴拉荷载下混凝土损伤演化模型

当前，混凝土结构抗力安全问题十分突出，要深入了解和研究其在复杂荷载作用下的损伤破坏过程和机理，其中很关键的是需要建立合适的模型和确定合理的参数，特别是混凝土材料的损伤演化模型。

前文已经通过循环轴拉试验对各种加载路径下混凝土的力学特性进行了深入研究，获得了混凝土主要的力学特性参数随循环加载过程的变化规律，研究表明混凝土材料具有明显的非线性性质。混凝土的非线性性质和破坏过程是内部缺陷和裂纹扩展导致的，损伤理论为研究这类材料的力学性能提供了一种新的思路[198,199]。损伤理论以连续介质力学与不可逆热力学为基础把连续介质的微缺陷理解为连续的损伤场变量，并假定损伤的能量耗散过程满足不可逆热力学定律，利用连续介质力学的"唯象学"方法研究微缺陷的发展及其对材料力学性质的影响。

利用连续损伤理论首先要解决的问题是确定合理的损伤参数。目前，损伤变量的定义方法复杂多样，因此损伤模型繁简不一。于海祥[200]通过分析表明，标量损伤变量虽然不能详细反映材料内部缺陷的实际分布状态，但建立的损伤模型简单，且能够从整体上反映材料的受损伤程度，能够满足工程精度要求，适合工程应用。本章将在试验研究的基础上，探讨混凝土在循环轴拉荷载下的损伤演化机理，通过确定合理的损伤参数，建立合适的损伤演化模型，期望准确预测循环荷载下混凝土的破坏过程。

8.1　损伤参数的确定

混凝土材料在循环荷载作用下力学性能渐进劣化的过程即为损伤累积的过程。在微观上体现为内部微缺陷、微裂纹的形成及进一步发展，从而导致材料内部宏观裂缝的出现，并使结构构件最终失效。根据 Kachanov 的"连续度"的概念，连续介质损伤力学将材料的损伤描述为有效受力面积的减少，于是经典损伤变量被抽象为[62]

$$D = 1 - \frac{\tilde{A}}{A} \tag{8-1}$$

式中，A 为材料无损伤时的截面积；$\tilde{A}$ 为受损后的材料有效承载面积，实际上这一指标可以描述为有效受力面积的减小。

以连续介质力学与不可逆热力学为基础的连续介质损伤力学把连续介质的微缺陷理解为连续的"损伤场"变量,并假定损伤的能量耗散过程满足不可逆热力学定律,具有明确的数理概念,具有广阔的研究前景[201]。在连续损伤理论体系中,将微观层面损伤以宏观力学变量表示,需要建立在一定的前提下,包括"应变等效"假设、等效应力假设、等效能量假设等。无论建立在何种假设之上,对损伤的基本认识为:材料的损伤是由微裂纹和微孔洞的发展造成的,这些微缺陷的演化导致有效承载面积减小,从而引起材料承载能力下降以及力学性能的劣化,再结合等效假设,认为有效承载面积的减小与某些宏观力学变量的减小或增加是等效的。宏观连续损伤力学理论是描述材料从微缺陷演变到宏观性能劣化直至最终破坏的有效方法。利用损伤理论的首要任务是定义合理的损伤变量。本章从混凝土损伤机理出发,提出考虑弹性模量衰减和塑性应变累积耦合发展的损伤参数,能够更加准确地描述混凝土损伤真实状态。

8.1.1　弹性模量法

根据 Lemaitre 等[107]提出的"应变等效"假设,并引入有效应力的概念,根据损伤前后的应变等效,由胡克定理可以得到损伤变量的新的表达方式:

$$D_{\mathrm{E}} = 1 - \frac{E}{E_0} \tag{8-2}$$

式中,E 为材料受损后的弹性模量;E_0 表示混凝土的初始弹性模量,本章取第一个循环卸载应力-应变曲线的割线模量作为初始弹性模量。

以"弹性模量"作为损伤变量的连续损伤模型构成了目前应用最为广泛、最为系统的宏观损伤理论体系。在循环荷载下混凝土内部的损伤是不可逆的,损伤累积到一定程度时,试件发生破坏。该模型形式简单,物理意义明确,适合于各种受力情况,被广泛使用。

8.1.2　塑性应变法

塑性理论首次用于研究材料的损伤程度是用于解决金属材料的延性破坏,假设材料内部缺陷的形成与扩展是塑性变形引起的。后来,有学者将这一理论应用于混凝土损伤的研究中,认为塑性应变在一定程度上能够反映材料的损伤程度,损伤是塑性变形的函数。本章通过试验研究证实了混凝土材料在外荷载作用下弹性模量降低的同时也伴随塑性应变的累积,因此塑性应变也被用于描述混凝土的损伤是合理的。以塑性应变表示的损伤参数通常可以表示为塑性应变与材料最终破坏时的塑性应变之比:

$$D_{\mathrm{ep}} = \frac{\varepsilon_{\mathrm{ep}}}{\varepsilon_{\mathrm{ep}}^{\mathrm{f}}} \tag{8-3}$$

式中，ε_{ep}、ε_{ep}^f 分别表示循环至 n 次和破坏时混凝土的塑性应变（$\mu\varepsilon$）。

8.1.3 改进的损伤参数

8.1.3.1 现有损伤理论的不足

以弹性模量的衰减反映损伤的演化是在连续损伤力学理论框架下基于"应变等效"假设，将材料破坏导致的有效面积减小与弹性模量的劣化等效。这样通过宏观损伤变量将材料的宏观损伤力学行为与细观损伤机制建立起联系。建立在"等效应变"假设这个基础上的损伤模型是否能够真实反映混凝土这类准脆性材料的损伤演化过程仍需进一步探讨。针对混凝土单轴拉伸力学特性，上述理论存在明显的不足之处：基于"应变等效"假设的弹性模量法实质上是将混凝土作为一种理想弹脆性材料来描述损伤的渐进式演化，假设损伤只引起材料刚度的劣化，变形是完全弹性的，忽略了外荷载作用下材料内部产生的不可逆变形，假设卸载后材料的变形完全恢复。因此，用这种损伤模型描述具有不可逆变形的混凝土类准脆性材料损伤演化明显简化了真实情况，并不能真实地反映材料的损伤行为，这种方法只适用于非线性弹性材料，而不适用于混凝土这类准脆性材料。

由于存在上述不足，基于"应变等效"假设的弹性模量法定义损伤的缺陷显而易见，忽略了准脆性材料损伤演化过程中的某些特征，无法描述混凝土真实的损伤破坏本质特征。基于塑性应变的损伤模型能够反映损伤中塑性应变累积部分，但是忽略了弹性模量衰减，大大简化了混凝土材料损伤破坏的本质特征，不能全面真实地描述混凝土的损伤演化过程。综上所述，无论是"弹性模量法"还是"塑性应变法"都只能反映混凝土损伤的一部分，无法描述混凝土材料的真实损伤破坏过程。而"弹性模量法"结合"塑性应变法"可以解决上述单一宏观力学参数表示损伤的不足之处。因此，本章拟从混凝土在外荷载下表现出的弹性模量衰减和塑性应变累积两方面着手，根据理论分析并结合轴拉荷载下混凝土的力学特性试验结果提出改进的损伤模型。

8.1.3.2 基本假定

接下来首先介绍将弹性模量衰减和塑性应变累积表示的损伤耦合的基本假定。针对混凝土等准脆性材料，其损伤主要包括由微裂纹萌生和扩展引起的材料脆性损伤（基于"应变等效"假设，有效受力面积的减小等价于弹性模量的衰减）和由微孔洞的相互作用和结构不可恢复的重组引起的屈服损伤（即塑性应变）。采用上述两种损伤模式能够更加全面地反映混凝土的损伤机理，并且可以分别借助于弹性模量和塑性应变进行表征，混凝土在外荷载下的整个破坏过程可以看作是上述两种损伤模式的连续累积过程。脆性损伤的宏观表现是材料弹性性质和强度的劣化，屈服损伤的宏观体现是材料内部微裂纹生长和演化产生的塑性变形。因此，作者认为可以假设弹性模量衰减和塑性变形累积是同时发生的，混凝土的真实损伤是这两类损伤的耦合。

8.1.3.3 模型构建

单轴拉伸荷载下混凝土的损伤本构模型标准形式可以写成：

$$\sigma = (1-D)E_0\varepsilon \tag{8-4}$$

式中，σ表示应力；ε表示应变；E_0表示初始弹性模量（GPa）；D表示材料的累积损伤。

根据前文的分析，轴拉荷载下混凝土的损伤可以表示为弹性模量衰减和塑性应变累积的耦合：

$$D = 1-(1-D_E)(1-D_{ep}) \tag{8-5}$$

式中，D_E表示损伤中造成弹性模量衰减的损伤；D_{ep}表示损伤引起塑性变形累积的部分。

由于在本章研究范围内循环轴拉荷载下包络线具有唯一性，因此本章通过循环轴拉试验获得的弹性模量衰减和塑性应变累积规律可以作为单调轴拉荷载下混凝土弹性模量衰减和塑性应变的累积规律。首先获得单调轴拉荷载下混凝土的损伤演化模型。

从循环轴拉荷载作用下混凝土的应力-应变全曲线图中可以看出，到达峰值应力前，应力-应变曲线基本呈线性关系，这个结论已被大多数学者所证实，无初始损伤或损伤不发展，损伤为0。而峰后段表现出应力软化特性，说明混凝土内部已发生明显的损伤。因此，假设应力-应变峰前段混凝土没有损伤，当达到峰值应力时损伤开始逐渐累积，达到极限应变时损伤为1，损伤满足下列假设：

$$D = 0，当 \varepsilon \leqslant \varepsilon_t \tag{8-6}$$

$$0 < D \leqslant 1，当 \varepsilon_t < \varepsilon \leqslant \varepsilon_{ult} \tag{8-7}$$

式中，D表示损伤；ε表示应变（$\mu\varepsilon$）；ε_t表示峰值应力对应的应变（$\mu\varepsilon$）；ε_{ult}表示混凝土的极限应变（$\mu\varepsilon$）。

当施加的外荷载超过混凝土所能承载的最大拉伸荷载时，混凝土的弹性模量开始衰减，塑性应变开始累积，表明内部产生损伤，峰后阶段混凝土损伤演化过程是本章研究的重点内容。根据本章混凝土的循环轴拉试验获得了循环荷载下混凝土的弹性模量衰减规律和塑性应变的累积过程，基于试验结果分别计算基于弹性模量法和塑性应变法的损伤演化模型，根据损伤耦合方程（8-5）可以计算混凝土的累积损伤。

8.2　不同应变幅循环荷载下混凝土损伤演化模型

首先计算混凝土损伤中引起弹性模量衰减的那部分损伤。本书第 5 章已对弹性模量的衰减规律进行了研究，根据弹性模量的衰减建立损伤参数 D_E：

$$D_E = \frac{E_0 - E}{E_0 - E_f} \tag{8-8}$$

式中，E_0 表示混凝土的初始弹性模量（GPa），此处用第一个卸载曲线的割线模量表示；E 表示卸载曲线的割线模量（GPa）；E_f 表示临界破坏时的卸载曲线的割线模量（GPa）。

基于公式（8-8）计算的损伤与总应变之间的关系如图 8-1 所示，从图中可以看出损伤随总应变的变化规律是明显的向左上方凸起的曲线，损伤累积速度较快，随应变的增大，损伤累积逐渐趋于稳定增长的过程。用自然指数函数对计算的损伤规律进行拟合，得到如图 8-1 中的拟合曲线。

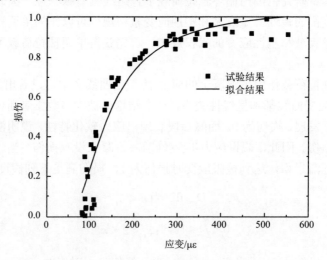

图 8-1　基于弹性模量的损伤演化曲线

图 8-1 中曲线方程为

$$D_E = \exp(0.056 - 14806 / \varepsilon^2), \quad r^2 = 0.96 \tag{8-9}$$

式中，ε 表示应变（$\mu\varepsilon$）；r^2 表示相关系数。拟合结果与试验计算的损伤演化规律拟合较好，能够反映基于弹性模量衰减的损伤累积规律。

其次，根据塑性应变累积规律建立混凝土损伤引起塑性应变增加的损伤部分。

在混凝土的循环轴拉试验中，塑性变形可以通过卸载至荷载为 0 时获得，塑性应变随总应变的累积规律已在第 5 章讨论过。根据塑性应变建立损伤参数 D_{ep}：

$$D_{ep} = \frac{\varepsilon_{ep}}{\varepsilon_{ep}^{f}}$$

（8-10）

式中，ε_{ep} 表示混凝土的塑性应变（$\mu\varepsilon$）；ε_{ep}^{f} 表示临界破坏时的塑性应变（$\mu\varepsilon$）。

损伤与总应变之间的关系如图 8-2 所示，观察计算的损伤值与总应变之间的关系发现，随总应变的增大，损伤呈指数增长的趋势，用自然指数函数对计算的损伤进行拟合，得到如图 8-2 中的拟合曲线，曲线方程为

$$D_{ep} = \exp(0.6 - 398/\varepsilon), \quad r^2 = 0.97$$

（8-11）

式中，ε 表示应变（$\mu\varepsilon$）；r^2 表示相关系数。

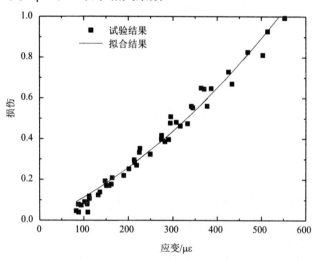

图 8-2　基于塑性应变的损伤演化曲线

从图 8-2 中曲线的形状可以看出基于塑性应变建立的损伤演化拟合曲线与根据试验结果计算的损伤吻合较好。要说明的是，模型参数随混凝土材料的种类、试件的尺寸、加载条件等有关。与基于弹性模量建立的损伤演化模型相比，基于塑性应变建立的损伤累积在整个循环加载过程中累积速率相对较快，而基于弹性模量建立的损伤随应变的增大累积过程逐渐平稳，最后保持基本稳定的状态。由于循环荷载下混凝土的损伤不仅体现在塑性应变累积，同时引起刚度衰减，因此这两种损伤模型较混凝土真实的损伤偏小。

混凝土材料在外荷载作用下的损伤体现在刚度衰减和塑性变形的累积，因此用塑性应变的累积和刚度衰减共同反映材料的损伤程度最接近事实。前文分别基于塑性应变和弹性模量对事实情况进行简化建立了损伤演化模型，将上述两个模

型分别代入式（8-5）即可获得更加真实的损伤演化模型，如式（8-12）所示：

$$D = 1 - \left[1 - \exp(0.056 - 14086 / \varepsilon^2)\right]\left[1 - \exp(0.6 - 398 / \varepsilon)\right] \quad (8\text{-}12)$$

式中，ε 表示应变（$\mu\varepsilon$）。

　　根据上述损伤演化模型能够很容易获得单调轴拉荷载下混凝土损伤演化曲线。此外，本章还需要在上述单调轴拉荷载下混凝土损伤演化模型的基础上探讨循环轴拉荷载下混凝土的损伤演化过程。由于循环轴拉荷载下具有包络线唯一性这一特殊性质，说明循环荷载下和单调荷载下混凝土软化段表现出的损伤特性是一致的，此处主要研究加、卸载过程损伤演化规律。首先可以作以下假设：①损伤的累积是一个非递减的过程；②在卸载过程不产生损伤累积；③包络线具有唯一性，包络线上每一个点的损伤是确定唯一的；④重新加载曲线中的损伤累积为非线性，接近包络线时损伤会略微增加。基于以上假定，可以确定加卸载过程的损伤程度，卸载过程的损伤与卸载点损伤相同，为一个定值，与卸载点的应变有关。重加载终点应变 ε_{er} 可以通过（8-2）求得，已知应变的值即可根据单调荷载下混凝土的损伤演化模型式计算重加载终点混凝土的损伤 D_{er}，通过拟合试验结果可以获得重加载点损伤与卸载点损伤之间的关系：

$$D_{er} = 1.075 D_{eu} - 0.075 D_{eu}^2 \quad (8\text{-}13)$$

式中，D_{er} 表示完全重加载点处的损伤系数，D_{eu} 表示包络线上卸载点处混凝土的损伤系数。

　　完全重加载和包络线上卸载点损伤的关系，如图 8-3 所示，是一个多项式方程而不是线性方程，允许未损坏的材料在低应力循环后有适当的损伤累积。为了避免 D_{eu} 的值接近于 1 时损伤系数大于 1，使拟合曲线上点的坐标（D_{eu}, D_{er}）介于（0,0）和（1,1）之间。

　　Breccolotti 等[20]假设在重加载开始时损伤累积很慢，然而在较高的应力水平下预测损伤累积会更快。在本章中，采用 Breccolotti 的假设，研究重加载路径下损伤的累积，通过下式来表达：

$$D = D_r + (D_{er} - D_r)\left(\frac{\sigma}{\sigma_{er}}\right)^6 \quad (8\text{-}14)$$

式中，D_r 表示重加载起始点处混凝土的损伤，假设卸载过程没有损伤累积，因此其值为卸载点处混凝土的 D_{eu}。

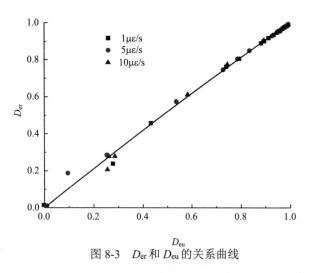

图 8-3 D_{er} 和 D_{eu} 的关系曲线

通过式（8-13）~式（8-14）可以计算混凝土在循环轴拉荷载作用下混凝土的损伤演化过程。利用本章提出的改进损伤演化模型对加载至包络线的循环拉伸荷载下混凝土的损伤演化过程计算结果如图 8-4 所示。由于本章假设在到达峰值应力前混凝土在宏观上并没有发生损伤，因此峰前段，损伤为 0。损伤从峰值应力开始累积，在峰值应力附近，损伤累积依然很缓慢，这与很多文献中假设混凝土在峰值应力处损伤快速增长不一致。作者认为混凝土的内部微裂纹聚核形成局部宏观裂纹较峰值应力稍微滞后，当到达宏观裂缝形成的临界点时，损伤急剧增加，局部裂缝快速扩展增大形成贯穿截面的宏观裂缝。

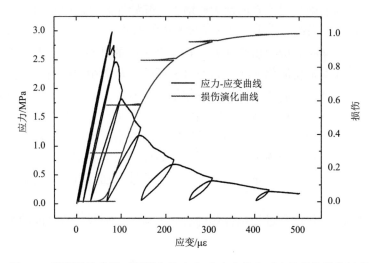

图 8-4 循环轴拉荷载下混凝土的应力-应变曲线和对应的损伤演化过程

8.3　常应力幅循环荷载下混凝土损伤演化模型

8.3.1　基于弹性模量衰减的损伤

　　混凝土在常应力幅循环荷载作用下的损伤演化速率通常用每个循环损伤累积表示[202]。因此，需要建立损伤随循环加载次数之间的关系。本节利用改进的损伤演化模型研究常应力幅循环荷载下混凝土损伤随加载循环次数的演变规律。研究思路：首先分别基于弹性模量衰减和塑性应变累积建立损伤演化模型，然后根据损伤耦合公式建立损伤耦合模型。

　　首先基于弹性模量衰减计算损伤。用弹性模量衰减计算常应力幅循环荷载下混凝土的损伤时需要注意的是，以荷载控制方式对混凝土这类脆性材料施加外荷载时，混凝土会发生突然破坏，弹性模量不等于 0，因此用式（8-2）计算的损伤参数的范围不在 0~1 之间。为了研究方便，此处对上述基于弹性模量的损伤演化模型进行归一化，如式（8-15）：

$$D_{\mathrm{E}}(n) = \frac{E_0 - E(n)}{E_0 - E_{\mathrm{f}}} \tag{8-15}$$

式中，E_0 代表混凝土材料的初始弹性模量（GPa），本章取第一个循环卸载曲线的割线模量；E_{f} 代表材料破坏前一个循环卸载曲线的割线模量（GPa）；E_{n} 代表在第 n 次循环加载过程中卸载曲线的割线模量（GPa）。

　　混凝土的损伤随加载次数的增大而增大，开始加载时，即 $n=0$，损伤为 0，加载至 $n=N_{\mathrm{f}}$ 时，损伤等于 1，表示混凝土完全破坏。

　　对加载频率 4 Hz，应力水平 0.95、0.90 和 0.85 的试验数据，利用弹性模量衰减的损伤参数计算损伤演化曲线，如图 8-5 所示。从图中可以看出，损伤演化曲线呈非线性单调增长，表明在循环荷载作用下混凝土内部裂纹的扩展导致弹性模量非线性衰减。基于弹性模量衰减的损伤演化过程是一个逐渐增长的三阶段累积过程。第一阶段损伤随循环次数的增长速率逐渐减小直至第二阶段损伤速率为常数，第三阶段损伤增长速率突然增大至试件破坏。在混凝土往复加载过程中，混凝土损伤不断累积，弹性模量逐渐减小，当到达某一临界值时，混凝土失去承载能力。

　　通过对损伤演化过程进行拟合获得混凝土损伤与加载次数之间的关系，如式（8-16）：

$$D_{\mathrm{E}}(n) = 1 - \left[1 - \left(\frac{n}{N_{\mathrm{f}}}\right)^{B}\right]^{A} \qquad (8\text{-}16)$$

式中，n 代表加载次数，N_{f} 代表某应力水平常幅荷载下混凝土的循环破坏次数；A 和 B 代表模型参数，与加载应力幅、加载频率相关。公式满足边界条件 $D(0)=0$ 和 $D(n)=1$。试验结果拟合参数见表 8-1。

基于上述拟合曲线模型计算的结果与试验值计算结果共同绘于图 8-5 中。模型能够很好地反映不同应力幅下混凝土损伤演化的非线性，且应力水平从大到小，损伤曲线从上到下依次排列，损伤曲线第二阶段几乎平行。结果表明，基于弹性模量衰减的损伤累积过程呈 S 形三阶段演化过程，且加载应力幅越大，初始阶段损伤累积越快，进入损伤第二阶段后损伤以稳定的速率持续增长，累积到一定程度时加速破坏。

表 8-1 不同应力比下模型参数取值

S	A	B	r^2
0.95	0.34	0.16	0.98
0.90	0.31	0.13	0.96
0.85	0.20	0.09	0.98

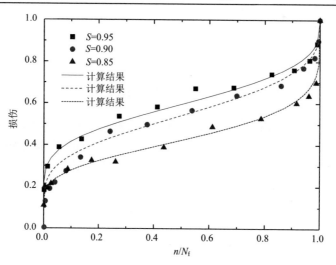

图 8-5 常幅荷载下混凝土的损伤演化曲线

把 n/N_{f} 当做自变量，对公式（8-16）两边求导，则可以得到损伤演化速率 $\mathrm{d}D/\mathrm{d}(n/N_{\mathrm{f}})$ 函数，见式（8-17）：

$$\frac{\mathrm{d}D}{\mathrm{d}\left(\dfrac{n}{N_\mathrm{f}}\right)} = AB\left(\frac{n}{N_\mathrm{f}}\right)^{B-1}\left[1-\left(\frac{n}{N_\mathrm{f}}\right)^{B}\right]^{A-1} \tag{8-17}$$

将表 8-2 中的参数代入式（8-17），可以得到损伤率与循环次数之间的关系，如图 8-6 所示。

从图 8-6 中可以发现，加载初始阶段损伤率很大，加载至 n/N_f=0.15 左右时，损伤率趋于稳定，进入损伤稳定累积阶段，这个过程占整个加载过程的 80% 左右，直至 n/N_f=0.90 左右时，损伤率又开始逐渐增大，表现为混凝土的加速破坏。

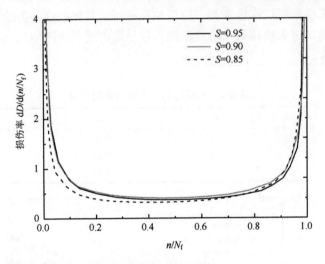

图 8-6　损伤率与加载循环次数比之间的关系

从损伤演化曲线图中可以看出，在同一加载频率下，损伤函数主要受加载应力幅的影响。用损伤函数中的参数 A、B 与应力幅之间的关系反映应力幅对损伤演化过程的影响，采用幂函数分别拟合参数 A、B 与应力幅的关系，如式（8-18）和式（8-19）所示：

$$A = 0.44S^{4.19}, \quad r^2 = 0.97 \tag{8-18}$$

$$B = 0.21S^{4.96}, \quad r^2 = 0.99 \tag{8-19}$$

8.3.2　基于塑性应变累积的损伤

塑性应变在疲劳过程中累积也是呈典型的 S 形三阶段演化过程，根据试验获得的塑性应变计算得到损伤演化规律，如图 8-7 所示。由于损伤演化曲线形状与基于弹性模量的损伤曲线形状类似，均是三阶段 S 形曲线，选择与之相同形式的损伤模型，如式（8-20）所示：

$$D_{ep} = 1 - \left[1 - \left(\frac{n}{N_f}\right)^b\right]^a \qquad (8\text{-}20)$$

式中，a 和 b 为经验参数，与加载应力幅、加载频率等荷载参数以及材料参数有关。损伤模型计算的损伤曲线与试验结果如图 8-7 所示，拟合效果较好，且能够准确反映混凝土在循环荷载作用下损伤的演化过程，拟合参数见表 8-2。

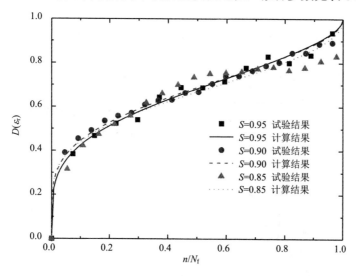

图 8-7 基于塑性应变的损伤演化曲线和模型计算结果

表 8-2 基于塑性应变构建的损伤模型拟合参数

损伤参数	S	a	b	r^2
$D(\varepsilon_t)$	0.95	0.57	0.21	0.98
	0.90	0.54	0.18	0.99
	0.85	0.48	0.15	0.90

模型参数与加载应力幅有关，通过对参数拟合可以得到参数与应力幅之间的关系：

$$a = 0.90S - 0.28, \qquad r^2 = 0.96 \qquad (8\text{-}21)$$

$$b = 0.60S - 0.36, \qquad r^2 = 0.99 \qquad (8\text{-}22)$$

式中，a，b 为损伤模型经验参数；S 表示应力水平；r^2 表示线性回归决定系数。

基于宏观力学参数计算的损伤演化曲线与分别构建的模型拟合结果可以看出，力学参数不同导致损伤演化曲线有较大的区别，因此构建的损伤模型也不同。这也从侧面反映出用上述两个参数建立的损伤模型至少有一个不是真实的，深层机理已经在前文做了详细解释，此处不再赘述。

已经获得了基于弹性模量和塑性应变的损伤演化模型之后，接下来的工作是将两个损伤模型进行耦合，得到一个新的损伤演化模型。

8.3.3　改进损伤演化模型

将基于弹性模量的损伤公式（8-16）和式（8-20）代入式（8-23）计算损伤参数：

$$D = 1 - \left[1 - \left(\frac{n}{N_\mathrm{f}} \right)^B \right]^A \left[1 - \left(\frac{n}{N_\mathrm{f}} \right)^b \right]^a \tag{8-23}$$

式中，参数与加载应力幅有关，已在前文分别进行讨论，对应每一个应力幅将参数代入模型中，可以获得相应的常应力幅循环荷载下混凝土的损伤演化模型。根据模型计算的损伤演化曲线如图 8-8 所示。

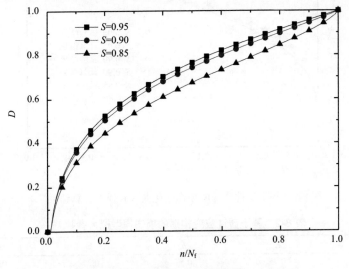

图 8-8　常应力幅循环荷载下混凝土损伤演化

改进的损伤演化模型表示的损伤演化过程与上述基于单个宏观力学参数描述的损伤演化曲线的变化规律基本一致，呈现出三阶段演化规律，第一阶段损伤演化速率较快，占总的循环加载过程约 5%，稳定演化阶段时间最长，大约占 85%，第三阶段，即加速破坏阶段占整个循环过程的 10%左右。此外，损伤演化还与加载应力幅有关，随着加载应力幅值的增大，损伤累积速率越快，三条损伤曲线随应力幅的增大从下向上依次排列。

Thun 等[203]认为，常应力幅循环荷载下混凝土的损伤与混凝土单轴加载的应力-应变关系曲线之间存在一定的联系，循环加载过程中宏观力学参数的演变曲线第二个拐点出现时的应变值对应单轴加载时的峰值应变，同时，当试件加载至峰后应力软化阶段的曲线上时，试件发生破坏。为了探讨常应力幅循环荷载下混凝土的损伤演化与单调轴拉荷载下混凝土损伤演化的相关性，将上述损伤演化模型表示为损伤与总应变之间的关系，与单调轴拉荷载下混凝土的损伤演化曲线绘于图 8-9 中。从图中可以看出常应力幅循环荷载下损伤演化曲线上试件发生破坏时的应变只有 150 με，与应变控制加载方式下混凝土完全破坏时相差很大，此时对应单调加载曲线下降段，对应的应力水平也较低，如图中点 D 对应的应力，较常应力幅循环荷载过程中的应力水平低很多。也可以理解成在相同的应力水平下，常应力幅循环荷载下混凝土破坏时的应变较单调加载曲线下降段相同应力水平时的应变要大很多。点 C 表示损伤稳定阶段结束，即将进入加速破坏阶段，本章试验结果发现并不能确定 C 点是否与单调加载曲线上峰值应力点相对应[204]。作者认为，不能确定 C 点与峰值点对应的原因可能是与测量标距和弹性变形有关，C 点的本质是微裂纹微孔隙随机扩展结束向局部裂纹发展的转折点。

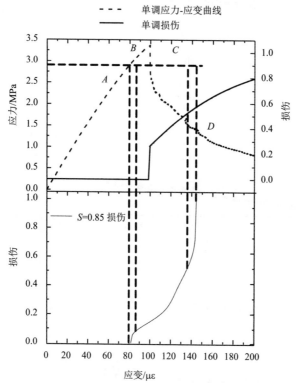

图 8-9　常应力幅循环荷载下混凝土的损伤演化与单调轴拉曲线的关系

8.3.4　循环破坏次数预测模型

对常应力幅循环荷载下混凝土循环破坏次数预测的思路是以应变累积速率结合损伤演化速率对试件发生极限破坏时经历的总循环破坏次数进行预测。应变随循环次数呈三阶段累积演化规律，第一阶段应变增长速率逐渐减小，第二阶段呈线性增长，增长速率近似常数，第三阶段增长速率逐渐增大（图 8-10）。在应变的三阶段演化曲线上可以发现有两处拐点，在拐点处应变对循环次数的微分为 0，如图 8-11 所示。从而可以确定拐点的位置，两个拐点之间即为应变线性增长阶段，由于这一过程持续时间较长，且变形增长缓慢，将其定义为徐变阶段，这一阶段的应变率为徐变速率 $\dot{\varepsilon}$。

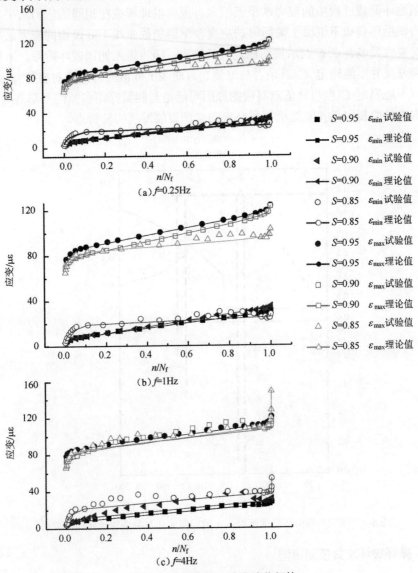

图 8-10　应变的三阶段演化规律

图中 ε_{max}，ε_{min} 分别表示最大应力和最小应力对应的应变

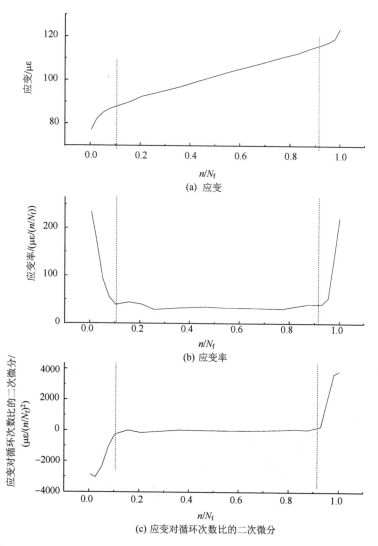

图 8-11　典型的应变随加载循环比的累积过程及应变累积速率和应变对循环比的二次微分

$$S = 0.95, \ \varepsilon_{\max}$$

试验研究[45,93]表明徐变速率与循环破坏次数之间有较大的相关性。Hordijk[93] 认为混凝土材料在一定循环加载次数以后的剩余强度可以通过应变累积来预测，通过进一步证实表明材料破坏时的最大应变可以作为混凝土材料的循环破坏准则，如式（8-24）所示：

$$\lg \varepsilon = \lg \dot{\varepsilon} + \lg N_{\mathrm{f}} - \lg f \tag{8-24}$$

式中，ε 为总应变（με）；$\dot{\varepsilon}$ 为应变累积率（με/s）；N_{f} 为循环破坏次数；f 为加载频

率（Hz），当加载频率一定时，最大破坏应变也是定值。循环破坏次数不仅与加载应力水平有关，而且受加载频率的影响。当加载频率增大 100 倍时，徐变速率也大约增大 100 倍，因此，当应力水平一定时，破坏应变也相同。Medeiros 等[45]通过试验结果证明在不同加载频率下，循环破坏次数均随徐变速率的增大而减小，二者之间呈对数线性关系。Oneschkow[94]研究了最大应力水平 f_{max} 和最小应力水平 f_{min} 对应的应变演化第二阶段应变随循环次数变化速率（这里称之为应变梯度）与循环破坏次数之间的关系，基于试验数据建立了二者之间的对数线性关系式。通过比较一系列试验结果与对数线性关系式表示的直线发现，所有的试验结果均在这条直线上，表示同一个应变梯度对应多种不同循环加载方式，而不是一一对应关系，因此无法预测特定加载方式下混凝土在往复荷载下的循环破坏次数。本章主要探讨往复加载过程中混凝土的应变演化规律。

如图 8-12 所示为循环加载作用下混凝土应力-应变的曲线及对应力、应变参数的定义。

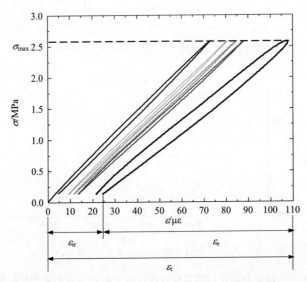

图 8-12　循环加载作用下混凝土应力-应变曲线及相关概念的定义

混凝土在循环加载过程中表现出明显的非线弹性特性，应变可以分为两部分，可逆的弹性应变和不可逆的塑性应变，如式（8-25）所示：

$$\varepsilon = \varepsilon_{ir} + \varepsilon_e \tag{8-25}$$

如图 8-10 中最小应力对应的最小应变，即为不可逆塑性应变，从图中可以看出塑性应变的演化与最大应变相同，也呈三阶段 S 形曲线。在整个循环加载过程中，可以把不可逆应变的非线性累积过程分解为两部分，一部分是与材料损伤状态无关的线性累积部分；另一部分是由材料的非均匀性导致的不稳定的裂纹扩展部分。在第一阶段由于材料本身的缺陷造成裂纹不稳定扩展，因此不可逆塑性应变累积也呈现快速增长的过程，经过第一阶段的往复加载后，试件内部应力得到重分布，内部损伤也趋于稳定，于是进入第二阶段应变的稳定增长阶段。随着循环加载的进行，材料内部损伤达到某一临界值，即为损伤曲线的第二个拐点处，这时塑性应变的累积也出现拐点，进入第三阶段的加速增长阶段。在整个循环过程中，塑性应变的线性累积部分存在整个循环加载过程中，且累积速率为常数，而不稳定的裂纹扩展产生的应变只存在于第一和第三阶段的应变不稳定累积过程中。塑性应变可以用公式（8-26）表示：

$$\varepsilon_{ir} = \varepsilon_{fa} + \varepsilon_N \tag{8-26}$$

式中，ε_{ir} 是塑性应变（$\mu\varepsilon$）；ε_{fa} 指裂纹不稳定扩展产生的不可逆应变（$\mu\varepsilon$）；ε_N 指混凝土循环过程中线性累积的不可逆应变（$\mu\varepsilon$）。

在应变演化的第二阶段，只存在线性累积应变，因此，可以式（8-27）确定第二阶段的应变累积速率，也可以称之为线性应变率：

$$\dot{\varepsilon}_N = \frac{\Delta\varepsilon}{\Delta t} = \frac{\varepsilon_{cr2} - \varepsilon_{cr1}}{\left(\dfrac{\Delta N}{f}\right)} = \frac{(\varepsilon_{cr2} - \varepsilon_{cr1})f}{N_{cr2} - N_{cr1}} \tag{8-27}$$

式中，$\dot{\varepsilon}_N$ 为线性累积的应变率（$\mu\varepsilon/s$）；ε_{cr1} 和 N_{cr1} 分别是第一个拐点处的应变（$\mu\varepsilon$）和循环次数；ε_{cr2} 和 N_{cr2} 分别是第二个拐点处的应变（$\mu\varepsilon$）和循环次数；f 指加载频率（Hz）。由此可以得到式（8-28）：

$$\varepsilon_N = \frac{(\varepsilon_{cr2} - \varepsilon_{cr1})tf}{N_{cr2} - N_{cr1}} = \frac{(\varepsilon_{cr2} - \varepsilon_{cr1})N}{N_{cr2} - N_{cr1}} \tag{8-28}$$

在应变演化的第一阶段和第三阶段，不仅存在稳定应变累积，而且还有一部分非稳定扩展的裂缝引起的应变 ε_{fa}，此时 ε_{fa} 采用式（8-29a）、式（8-29b）和式（8-29c）进行定义：

$$当 N < N_{cr1} 时，\quad \varepsilon_{fa} = \varepsilon_{cs}\left(\frac{N}{N_{cr1}}\right)^a \tag{8-29a}$$

$$当 N_{cr1} < N < N_{cr2} 时，\quad \varepsilon_{fa} = \varepsilon_{cs} \tag{8-29b}$$

$$当 N > N_{cr2} 时，\quad \varepsilon_{fa} = \varepsilon_{cs} + \varepsilon_{cp}\left(\frac{N - N_{cr2}}{N_f - N_{cr2}}\right)^b \tag{8-29c}$$

式中，a 和 b 分别为系数，其中 $0 < a < 1$。ε_{cs} 表示第一阶段裂缝不稳定发展产生的

不可逆应变（$\mu\varepsilon$），ε_{cp} 表示第三阶段裂缝快速扩展时产生的不可逆应变（$\mu\varepsilon$），其定义分别为式（8-30）和式（8-31）：

$$\varepsilon_{cs} = \varepsilon_{cr1} - \frac{(\varepsilon_{cr2} - \varepsilon_{cr1})N_{cr1}}{N_{cr2} - N_{cr1}} \tag{8-30}$$

$$\varepsilon_{cp} = \varepsilon_f - \varepsilon_{cr2} - \frac{(\varepsilon_{cr2} - \varepsilon_{cr1})(N - N_{cr2})}{N_f - N_{cr2}} \tag{8-31}$$

式中，ε_f 指最终应变（$\mu\varepsilon$）；N_f 指最终循环次数。

　　混凝土最大应力水平对应的最大应变（后面简称为最大应变）由公式（8-32）确定：

$$\varepsilon = \varepsilon_{ir} + \varepsilon_e = \varepsilon_{ir} + \frac{\Delta f}{(1 - D_E) \cdot E_0} \tag{8-32}$$

式中，ε_e 指应变幅（$\mu\varepsilon$）；Δf 指应力幅（MPa）；D_E 指弹性模量衰减部分的损伤；E_0 指初始弹性模量（GPa）。

　　图 8-10 给出上述模型对不同工况下混凝土进行模拟的情况，拟合曲线与试验结果吻合较好。a 取值在 0 和 1 范围内，b 取值则一般远大于 1，且对于不同试件取值差异性很大，这说明第三阶段裂缝扩展比第一阶段更不稳定。在混凝土往复过程中，通常第一阶段和第三阶段均为不稳定状态，因此这里采用第二阶段的应变率来分析频率对混凝土往复轴拉力学性能的影响。第二阶段的应变率与破坏次数之间的关系如图 8-13 所示，从图中可以发现，同一频率下混凝土应变率与破坏次数之间存在一定的关系。假设第二阶段应变率与破坏次数之间的关系式如公式（8-33）所示：

$$\dot{\varepsilon}_N = e^b N_f{}^a \tag{8-33}$$

式中，$\dot{\varepsilon}_N$ 为线性累积的应变率（$\mu\varepsilon$/s）；N_f 表示循环破坏次数；a 和 b 为参数。

　　通过对 4 Hz、1 Hz 和 0.25 Hz 的数据进行计算拟合，拟合结果如图 8-13 所示，从图中可以看到三种频率下的拟合曲线互相平行。线性回归参数如表 8-3 所示，从表中可以看出，表示曲线斜率的参数为常数，而参数 b 随频率的增大而减小，与频率 f 的对数之间存在线性关系，通过线性回归分析，可以得到如下关系式：

$$b = 0.395\ln f + 1.814, \quad r^2 = 0.997 \tag{8-34}$$

式中，r^2 为线性回归决定系数。

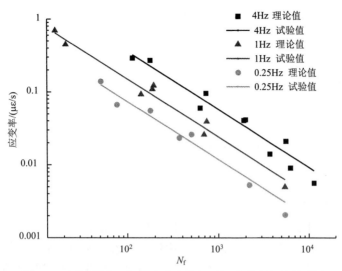

图 8-13 不同频率下混凝土应变率与破坏次数之间的关系图

表 8-3 不同频率下线性应变率与混凝土循环破坏次数线性回归参数

f/Hz	a	b
4	−0.794	2.631
1	−0.794	1.763
0.25	−0.794	1.050

8.4 多级常应力幅循环荷载下混凝土损伤演化模型

8.4.1 损伤参数

关于多级常应力幅循环荷载下混凝土的损伤演化理论有线性和非线性两种。线性理论可能表现在线性演化和累积中，也可能表现为非线性演化和线性累积，显然，线性累积理论忽略加载次序的影响，损伤与加载循环次数比之间有一一对应的关系：

$$D_i = \frac{n_i}{N_{fi}} \qquad (8\text{-}35)$$

式中，n_i 表示在应力幅为 S_i 时循环加载的次数，N_{fi} 表示在单级常应力幅为 S_i 时混凝土的循环破坏次数。通常将循环加载次数比定义为多级常应力幅循环荷载下混凝土的损伤累积参数。线性损伤破坏准则是当损伤累积参数等于 1 时，试件破坏：

$$M = \sum_i \frac{n_i}{N_{fi}} = 1 \qquad (8\text{-}36)$$

这是著名的 Miner 线性损伤累积准则，假设材料损伤演化是线性发展的过程。

非线性损伤累积理论认为混凝土的损伤不仅与加载应力幅和加载频率有关，还与材料的损伤状态有关，在研究损伤累积过程时必须考虑加载次序的影响。在非线性损伤理论中，损伤参数 $M > 1$ 或 $M < 1$。本节在前文单级常幅循环荷载下损伤演化模型的基础上，利用非线性损伤演化理论构建多级常应力幅循环荷载下混凝土的损伤演化模型。

8.4.2 模型构建

要想对混凝土的损伤累积进行非线性分析，首先需要建立常应力幅循环荷载下混凝土的损伤演化模型，在此基础上构建损伤累积模型。常幅循环荷载下混凝土的损伤演化一般与最大应力水平、最小应力水平有关，本书的循环试验最小应力水平均是接近 0，因此可忽略其影响。为了反映不同应力幅加载次序对损伤累积的影响，用累积损伤参数 $M = \sum n_i / N_{fi}$ 表示损伤。

首先以两级常幅循环荷载下混凝土的损伤演化过程为例构建损伤演化模型。

在两级常幅加载过程中，两级应力水平 S_1 和 S_2 对应的循环加载破坏次数可以通过 $S\text{-}N_f$ 曲线获得，分别为 N_{f1} 和 N_{f2}，损伤演化曲线可以通过 8.3 节常应力幅循环荷载下混凝土损伤演化模型计算得到。假设以下加载工况：先在应力幅 S_1 加载 n_1 次，然后加载至应力幅 S_2 循环 n_2 次，试件破坏。首先给出两个应力幅常幅循环荷载下混凝土的损伤演化曲线，如图 8-14 所示。在应力幅为 S_1 时循环加载，混凝土沿损伤曲线 1 发生损伤演化，循环加载至 n_1 次时混凝土内部损伤为 D_e。转换为应力幅 S_2 加载时，混凝土沿着曲线 2 从损伤为 D_e 继续损伤演化直至破坏。试件破坏时损伤累积参数：

$$M = \frac{n_1}{N_{f1}} + \frac{n_2}{N_{f2}} \qquad (8\text{-}37)$$

接下来具体给出多级常应力幅循环荷载下混凝土的损伤演化模型。前文已经对单级常应力幅循环荷载下混凝土的损伤演化进行了研究，建立的损伤演化模型如式（8-38）所示。当加载频率 f 和应力水平 S_1 确定时，损伤演化曲线就已经确定了。

在上述应力幅 S_1 下循环加载 n_1 次时，混凝土内部损伤为

$$D(n_1) = 1 - \left[1 - \left(\frac{n_1}{N_{f1}} \right)^{B_1} \right]^{A_1} \left[1 - \left(\frac{n_1}{N_{f1}} \right)^{b_1} \right]^{a_1} \qquad (8\text{-}38)$$

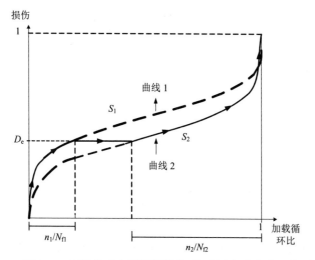

图 8-14 两级常应力幅循环荷载下混凝土损伤演化示意图

那么在应力幅为 S_2 循环加载情况下，一定存在一个等效循环次数 n_2'，使混凝土此时的内部损伤与在 S_1 应力水平下循环加载 n_1 次对混凝土内部产生的损伤相等，可以用式（8-39）表示两种应力比下的等效损伤：

$$1-\left[1-\left(\frac{n_1}{N_{f1}}\right)^{B_1}\right]^{A_1}\left[1-\left(\frac{n_1}{N_{f1}}\right)^{b_1}\right]^{a_1}=1-\left[1-\left(\frac{n_2'}{N_{f2}}\right)^{B_2}\right]^{A_2}\left[1-\left(\frac{n_2'}{N_{f2}}\right)^{b_2}\right]^{a_2} \quad (8\text{-}39)$$

在应力幅为 S_1 时循环加载 n_1 个循环，然后再加载到第二级应力幅 S_2 继续加载，不考虑应力幅突然改变对损伤演化的影响，混凝土在应力幅为 S_2 时循环加载等效循次数 n_2' 可以通过数值迭代法求解，然后可以求得剩余循环次数 n_2：

$$n_2 = N_{f2} - n_2' \quad (8\text{-}40)$$

本章试验是以波形为正弦波，加载频率为 4 Hz 的应力加载控制方式进行的，等幅循环荷载下不同应力水平 0.95、0.90 和 0.85 损伤演化方程的参数见第 8.3.1 节。根据不同应力幅循环荷载下混凝土的损伤演化方程和等效损伤理论，即可得到多级常应力幅循环荷载下混凝土的累积演化模型。

8.4.3 模型应用

由第 7 章多级常应力幅循环试验结果可以得到损伤参数 D，如表 8-4 所示。低—高两级应力幅循环加载工况下，$M>1$；而高—低两级应力幅循环加载工况下，$M<1$。多级常幅循环荷载试验结果类似，损伤参数要么大于 1，要么小于 1，与线性损伤理论不一致。在多级常应力幅循环荷载下混凝土的损伤演化表现出非线性，需要用非线性损伤演化理论进行分析。

表 8-4　　多级常应力幅荷载下混凝土的累积损伤参数

工况	A	B	C	D	E	F	G	H	I	J	K	L
M	1.04	0.95	1.04	0.68	0.82	0.64	1.13	1.23	0.89	0.65	3.74	0.76

通过本书提出的多级常幅循环荷载下混凝土非线性损伤演化理论，具体分析加载次序对损伤演化的影响。本章研究了三组从低—高和三组从高—低加载次序的两级常幅轴拉循环加载下混凝土的往复力学特性，第一级应力幅下加载循环次数比为 0.2，后加载至第二级应力幅直至试件断裂破坏。结果表明混凝土在两级常幅荷载作用下的损伤演化和累积过程受加载应力幅次序的影响，先高应力幅后低应力幅加载时，$M<1$，相反，则 $M>1$。基于常幅循环加载下高、低两种应力幅下混凝土的损伤演化曲线如图 8-15 中的曲线 D_H 和 D_L。图中描述了两种典型的从低—高和从高—低常幅循环加载工况下混凝土的疲劳损伤演化过程。比较高、低两种应力幅下损伤演化曲线可以看出，低应力幅时，在损伤演化曲线第一阶段，损伤累积速率低于高应力幅下第一阶段的损伤累积速率，进入损伤第二阶段时，损伤演化速率为常数，两条损伤演化曲线几乎平行。当损伤累积到一定程度时，混凝土加速破坏。根据损伤等值线，可以确定从低—高加载次序情况下损伤参数 $M>1$，从高—低加载次序情况下，损伤参数 $M<1$。将低—高加载次序下低应力幅下加载循环比为 0.2 时混凝土的损伤定义为 $D_{0.2L}$，根据损伤等值线，$(n_2/N_{f2})_{D_{0.2L}}<0.2$，因此，剩余循环次数比 $n_2/N_{f2}>0.8$，$M_{L\text{-}H}=n_1/N_{f1}+n_2/N_{f2}>1$。类似于低—高加载次序，定义从高—低加载次序应力幅下高应力幅下加载循环比为 0.2 时混凝土的损伤为 $D_{0.2H}$，根据损伤等值线，在第二级低应力幅下加载循环比为 $(n_2/N_{f2})_{D_{0.2H}}>0.2$，因此，剩余循环次数比 $n_2/N_{f2}<0.8$，$M_{H\text{-}L}=n_1/N_{f1}+n_2/N_{f2}<1$。

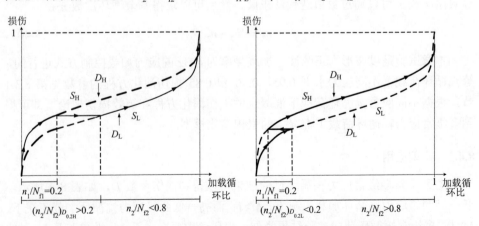

图 8-15　不同加载次序下两级常应力幅循环荷载下混凝土损伤演化示意图

此外，利用本章构建的常应力幅循环荷载下混凝土损伤演化模型和多级常幅荷载下混凝土非线性损伤演化理论，对应力幅为 0.95，0.90，0.85，0.80，0.75 和 0.70 常幅循环加载下混凝土的损伤演化过程进行模拟，得到常幅循环加载下的损伤演化方程。在计算多级常幅荷载下混凝土的损伤时，首先需要解决两个问题：第一，必须根据 $S\text{-}N_f$ 曲线求出单级常幅荷载 S 下的循环破坏次数 N_f，根据本书第 7 章的试验研究，$S\text{-}N_f$ 曲线可以用对数线性方程 $S = a\lg N_f + b$ 表示；第二，根据损伤演化方程求出常应力幅荷载下混凝土的损伤演化曲线。然后根据等效损伤理论求出的损伤累积方程计算多级常幅荷载下混凝土累积损伤参数。在两级常幅循环加载工况下，在第一级加载应力水平 S_1 和加载循环次数比 n_1/N_{f1} 已知的情况下，加载至应力幅 S_2 时的剩余循环次数比 n_2/N_{f2} 可以根据式（8-39）和式（8-40）求出。图 8-16 表示基于本章构建的损伤演化模型在两级常幅循环荷载下混凝土的损伤演化规律。由图中曲线可知，当循环加载应力幅次序为低—高时，曲线凸向右上方，相反，曲线则凹向左下方，高、低两级应力幅差值越大，曲线凹凸程度越大，表示损伤演化的非线性越明显，当高、低两级应力水平越接近时，曲线越靠近中间的线性演化曲线。

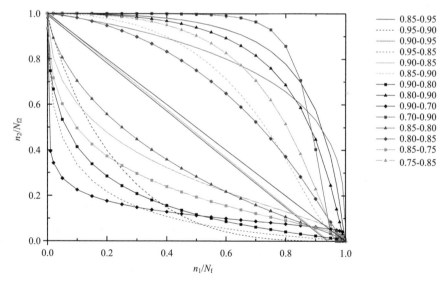

图 8-16　两级常幅循环荷载下混凝土的损伤累积

对于多级常应力幅循环加载工况，损伤预测方法与两级常应力幅循环加载工况相同。根据上述损伤演化模型，对本章循环轴拉试验结果进行预测，如表 8-5 所示。

表 8-5　多级常应力幅荷载下混凝土的累积损伤参数

工况	A	B	C	D	E	F	G	H	I	J	K	L
试验值	1.04	0.95	1.04	0.82	0.29	0.64	1.13	1.23	0.89	0.65	3.74	0.76
计算值	1.04	1.06	1.02	0.98	0.91	0.93	1.03	1.08	1.04	0.93	1.74	0.92

模型计算的损伤参数与试验结果吻合较好，说明模型能够从宏观层面反映混凝土在循环荷载作用下损伤的非线性扩展和累积。根据损伤演化模型可以顺便预测在最后一级常幅循环荷载作用下剩余循环破坏次数，利用上述模型对本章和文献[87, 205]中的数据进行预测，预测结果与试验结果如图8-17所示。由于混凝土是一种各向异性的非均质材料，同一组试件之间强度本身就存在一定的离散性，因此，预测结果与试验结果之间的偏差是可以接受的。

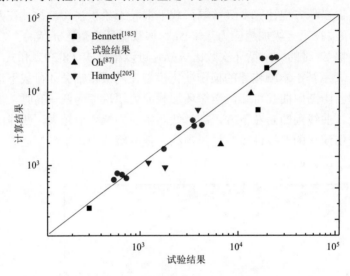

图 8-17　模型预测结果与试验结果的比较

8.5　本　章　小　结

本章从混凝土在外荷载下表现出的力学特性出发，分析了混凝土损伤演化的机理，提出改进的损伤参数，并根据不同应变幅循环加载和常应力幅循环加载两种加载工况分别构建了损伤演化模型，并对模型的合理性进行了分析。根据常应力幅循环荷载下混凝土的损伤演化模型，考虑加载次序的影响，构建了多级常应力幅循环荷载下混凝土的非线性损伤演化模型，获得的主要结论如下：

（1）混凝土在外荷载作用下不仅弹性模量降低，还伴随塑性应变的累积，因此本章将"弹性模量法"与"塑性应变法"结合并结合轴拉荷载下混凝土的力学特性试验结果提出了改进的损伤参数模型，可以解决单一宏观力学参数表示损伤的不足。

（2）根据改进的损伤参数首先构建了不同应变幅循环荷载下混凝土的损伤演化模型，从损伤演化曲线可以看出在峰值应力附近，损伤累积缓慢，宏观裂纹的形成发生在峰值应力之后，当到达宏观裂缝形成的临界点时，损伤急剧增加，局部裂缝快速扩展增大，形成贯穿截面的宏观裂缝。微裂纹萌生扩展只占据全部损伤的很小一部分，大部分损伤发生在宏观裂纹形成之后。

（3）对常应力幅循环加载工况，利用改进的损伤参数构建了常应力幅循环荷载下混凝土的损伤演化模型。常应力幅循环荷载下混凝土的损伤呈三阶段：快速—稳定—加速，进入加速损伤阶段意味着局部宏观裂纹形成。并探讨了常应力幅循环荷载下混凝土的损伤演化与单调拉伸曲线的关系，试件发生破坏时，对应单调应力-应变曲线下降段的某一点，这一点应力水平比循环加载的应力水平要明显小。结合混凝土弹性模量衰减和应变累积速率提出了常应力幅循环荷载下混凝土的循环破坏次数预测模型。

（4）根据常应力幅循环荷载下混凝土的损伤演化模型，利用"等效损伤"理论构建了混凝土在多级常幅荷载下的损伤演化预测模型。该模型考虑了加载次序和历史对混凝土损伤演化过程的影响。通过对本章试验结果的计算，验证了模型的合理性。

9 总结与展望

本书结合试验与理论分析方法，系统地研究了不同初始状态下混凝土单调轴拉力学特性以及复杂循环轴拉荷载下混凝土的轴拉力学特性及损伤演化。通过对单调轴拉荷载下混凝土应力-应变曲线以及往复轴拉荷载下混凝土的塑性变形、弹性模量等力学性能参数的深入分析，阐明了初始状态对混凝土轴拉力学性能的影响，揭示了循环轴拉荷载下混凝土的非线性特性和损伤演化机理，获得了往复轴拉荷载下包含软化段的混凝土应力-应变曲线模型和非线性损伤演化模型。以下是对本书主要研究内容和成果的总结以及进一步的工作展望。

9.1 总　　结

全书主要研究内容可总结为以下几点：

（1）在不同加载速率以及不同初始静载下对混凝土进行轴拉试验，得到了混凝土轴拉应力-应变曲线，证明了混凝土轴拉试验中峰值应力、峰值应变以及弹性模量的率效应，并从现象角度观察了不同初始静载后混凝土骨料拉断情况，揭示了初始静载对混凝土动态轴拉强度的影响。

（2）在不同初始损伤以及不同裂缝宽度情况下对混凝土进行单调轴拉试验，研究了初始循环后以及不同裂缝长度下混凝土断面骨料破坏情况，分析了不同裂缝宽度对混凝土动态断裂韧度的影响情况，并推导了混凝土轴向拉伸试件静动态断裂韧度转化方式。

（3）对不同初始静载、不同初始损伤、不同初始预制裂缝混凝土棱柱体试件动态轴向拉伸声发射试验中的声发射现象进行分析，研究了不同初始状态后声发射参量的量级以及增加速率的变化情况，分析了 Kaiser 效应的主要影响因素，并在不同初始裂缝情况下探究了混凝土轴拉过程中的 Felicity 比变化规律。

（4）以应变控制方式开展了不同应变幅和不同应变率的循环轴拉试验，获得了包含软化段的循环应力-应变曲线。分析了不同应变幅循环荷载下混凝土的往复力学特性和应变率对混凝土的往复应力-应变响应的影响。研究了往复加载过程中混凝土的塑性应变、重加载应变、初始弹性模量和应力随加载过程的变化规律。揭示了往复轴拉荷载下混凝土非线性滞回特性的深层机理。构建了包含非线性软化段的单调及循环轴拉荷载下混凝土的应力-应变关系模型。

（5）基于 P-M 模型理论定量分析了混凝土的滞回特性。结合混凝土的特征力学参数，借助 P-M 模型构建了拉-压循环荷载下混凝土的应力-应变关系模型，该模型能够反映混凝土的非线性、拉伸软化、刚度衰减、塑性变形和滞回效应等特点。通过试验结果对模型参数的验证表明模型参数取决于混凝土的损伤程度，随损伤的增大而增大，说明距 P-M 空间对角线越近，滞回单元分布密度越大，也就是说混凝土的非线性随加载过程越来越明显。

（6）以荷载控制方式开展了常应力幅循环轴拉试验，研究了应力幅和加载频率对混凝土应变累积、弹性模量衰减、耗散能变化和循环破坏次数的影响。首先对常应力幅循环轴拉荷载下混凝土循环破坏次数的离散性进行了分析，建立了破坏概率、循环破坏次数和应力幅三者之间的关系模型。在常应力幅循环轴拉试验的基础上开展了多级常应力幅循环轴拉试验，研究了加载次序对混凝土力学性能的影响，主要包括应力-应变曲线、应变累积、弹性模量衰减以及循环破坏次数。结果表明，低—高加载次序混凝土累积循环破坏次数比 $M>1$，相反，则 $M<1$；多级常幅荷载下混凝土的循环破坏次数比之和不等于 1，表明加载次序和历史荷载对混凝土循环破坏次数有影响，混凝土的损伤演化是非线性的。

（7）混凝土在外荷载作用下不仅弹性模量降低，还伴随塑性应变的累积，因此本书对"弹性模量法"与"塑性应变法"损伤参数进行耦合并结合轴拉荷载下混凝土的力学特性试验结果，提出了改进的损伤参数模型，可以解决单一宏观力学参数表示损伤的不足。根据改进的损伤参数，首先，构建了不同应变幅循环荷载下混凝土的损伤演化模型，宏观裂纹的形成发生在峰值应力之后，当到达宏观裂缝形成的临界点时，损伤急剧增加，局部裂缝快速扩展增大形成贯穿截面的宏观裂缝。其次，根据常应力幅循环荷载下混凝土弹性模量衰减和塑性应变累积规律构建了混凝土损伤演化模型。损伤呈三阶段：快速—稳定—加速，进入加速损伤阶段意味着局部宏观裂纹形成。最后，利用常应力幅循环荷载下混凝土的损伤演化模型和"等效损伤"理论构建了混凝土在多级常幅荷载下的非线性损伤演化模型。该模型考虑了加载次序和历史对混凝土损伤演化过程的影响。

9.2 展　望

混凝土结构的失稳破坏应当从混凝土材料、混凝土构件、混凝土结构三个层次出发。本书仅从材料层面研究其力学性能，对混凝土结构设计及安全评价的理论指导意义还存在很大的局限性。因此，需要从材料层面逐渐发展到结构层面，充分揭示混凝土在相应层面上的损伤演化机理。

混凝土材料作为一种多向复杂的多孔介质，其宏观力学性能与内部微观孔结构之间有必然的联系，因此，通过多尺度分析方法探讨混凝土的硬化浆体微观结构形成机理并确定微观结构与宏观本构之间的联系。

　　混凝土结构在服役期内由于其工作环境的复杂性，除了承受复杂工况的荷载（静载、动载、单调荷载、循环荷载），还经受复杂环境（干湿循环、温度变化、化学侵蚀）的影响。许多混凝土结构提前失效破坏都是环境因素诱发的内部结构劣化，从而加速整体结构的损伤演化。因此需要建立多孔介质理论下的环境与荷载耦合作用下混凝土结构的损伤演化机理，考虑不同组合形式下环境-荷载因素耦合作用下微观结构的演变和微裂缝形成及发展机理，建立基于环境-荷载耦合作用下混凝土材料的损伤本构模型。

参 考 文 献

[1] 杨正权, 刘小生, 汪小刚, 等. 土石坝地震动输入机制研究综述[J]. 中国水利水电科学研究院学报, 2013, 11(1): 27-33.

[2] Binici B, Aldemir A. Comparison of the expected damage patterns from two- and three-dimensional nonlinear dynamic analyses of a roller compacted concrete dam [J]. Structure and Infrastructure Engineering, 2014, 10(3): 305-315.

[3] 张楚汉, 金峰, 王进廷, 等. 高混凝土坝抗震安全评价的关键问题与研究进展[J]. 水利学报, 2016, 47(3): 253-264.

[4] 武明鑫, 张楚汉, 王进廷. 基于细观颗粒元的混凝土弯曲试验模拟与率效应[J]. 清华大学学报(自然科学版), 2014, 54(8): 999-1005.

[5] 李静, 陈建云, 徐强, 等. 高拱坝抗震性能评价指标研究[J]. 水利学报, 2015, 46(1): 118-124.

[6] 张艳红, 胡晓, 杨陈, 等. 大坝混凝土强度参数的统计分析[J]. 水力发电学报, 2015, 34(6): 169-175.

[7] 王海波, 李德玉, 陈厚群. 高拱坝极限抗震能力研究之挑战[J]. 水力发电学报, 2014, 33(6): 168-173.

[8] Pan J, Zhang C, Xu Y, et al. A comparative study of the different procedures for seismic cracking analysis of concrete dams[J]. Soil Dynamics and Earthquake Engineering, 2011, 31(11): 1594-1606.

[9] Sinha B P, Gerstle K H, Tulin L G. Stress-strain relations for concrete under cyclic loading[J]. Journal of the American Concrete Institute, 1964, 61(2): 195-211.

[10] Yankelevsky D Z, Reinhardt H W. Model for cyclic compressive behavior of concrete[J]. Journal of Structural Engineering, ASCE,1987, 113(2): 228-240.

[11] Otter D E, Naaman A E. Properties of steel fiber reinforced concrete under cyclic load[J]. ACI Materials Journal, 1988,85(4): 264-271.

[12] Spooner D C, Dougill J W. A quantitative assessment of damage sustained in concrete during compressive loading[J]. Magazine of Concrete Research, 1975, 27(92): 151-160.

[13] Spooner D C, Pomeroy C D, Dougill J W. Damage and energy dissipation in cement pastes in compression[J]. Magazine of Concrete Research, 1976, 28(94): 21-29.

[14] Karsan I D, Jirsa J O. Behavior of concrete under compressive loadings[J]. Journal of the Structural Division, 1969, 95(12): 2543-2564.

[15] Bahn B Y, Hsu C T T. Stress-Strain behavior of concrete under cyclic loading[J]. ACI Materials Journal, 1998, 95(2):178-193.

[16] Sinaie S, Heidarpour A, Zhao X L, et al. Effect of size on the response of cylindrical concrete samples under cyclic loading[J]. Construction and Building Materials, 2015, 84: 399-408.

[17] Ozcelik R. Cyclic testing of low-strength plain concrete[J]. Magazine of Concrete Research, 2015, 67(8): 379-390.

[18] Palermo D, Vecchio F J. Compression field modeling of reinforced concrete subjected to reversed loading: formulation[J]. ACI Structural Journal, 2003, 100(5): 616-625.

[19] Sima J F, Roca P, Molins C. Cyclic constitutive model for concrete[J]. Engineering Structures, 2008, 30(3): 695-706.

[20] Breccolotti M, Bonfigli M F, D'Alessandro A. Constitutive modeling of plain concrete subjected to cyclic uniaxial compressive loading[J]. Construction and Building Materials, 2015, 94: 172-180.

[21] Jeragh A A. Deformational behavior of plain concrete subjected to biaxial-cyclical loading[D]. New Mexico: New Mexico State University, 1979.

[22] Reinhardt H W, Cornelissen H A W. Post-peak cyclic behaviour of concrete in uniaxial tensile and alternating tensile and compressive loading[J]. Cement and Concrete Research, 1984, 14(2): 263-270.

[23] Yankelevsky D Z, Reinhardt H W. Uniaxial behavior of concrete in cyclic tension[J]. Journal of Structural Engineering, 1989, 115(1): 166-182.

[24] Hordijk I D A. Deformation-controlled uniaxial tensile test on concrete[J]. Technical Report, 1989, 118. Stevin Laboratory Report , 25.5-89-15 /VFA, TU Delft.

[25] Kessler-Kramer. Tensile behavior of concrete under fatigue loading[D]. Karlsruhe: Karlsruhe Institute of Technology, 2002.

[26] Reinhardt H W, Cornelissen H A W, Hordijk D A. Tensile tests and failure analysis of concrete[J]. ASCE Journal of Structural Engineering, 1986, 112(11): 2462-2477.

[27] Krausz A S. Fracture Kinetics of Crack Growth[M]. Berlin: Springer Science & Business Media, 2012.

[28] Weerheijm, Jaap. Understanding the Tensile Properties of Concrete[M]. Netherlands: Elsevier, 2013.

[29] Barpi F, Chille F, Imperato L, et al. Failure lifetime prediction of cracked concrete structures[C]. MRS Proceedings. Cambridge University Press, 1997, 503: 131.

[30] Awad M E. Strength and deformation characteristics of plain concrete subjected to high repeated and sustained loads[D]. Illinois: University of Illinois at Urbana-Champaign, 1971.

[31] Dyduch K, Szerszeń M, Destrebecq J F. Experimental investigation of the fatigue strength of plain concrete under high compressive loading[J]. Materials and Structures, 1994, 27(9): 505-509.

[32] Zhang B, Phillips D V, Wu K. Effects of loading frequency and stress reversal on fatigue life of plain concrete[J]. Magazine of Concrete Research, 1996, 48(177): 361-375.

[33] Saito M. Tensile fatigue strength of lightweight concrete[J]. International Journal of Cement Composite and Lightweight Concrete, 1984, 6(3): 143-149.

[34] Saito M, Imai S. Direct tensile fatigue of concrete by the use of friction grips[J]. ACI Journal Proceedings, 1983, 80(5): 431-438.

[35] Gray W H, McLaughlin J F, Antrim J D. Fatigue properties of lightweight aggregate concrete[J]. ACI Journal Proceedings, 1961, 58(8): 149-162.

[36] Hamada S, Naruoka M. An experimental study on compressive fatigue strength of lightweight concrete[J]. Proceedings Japan Society of Civil Engineers, 1970, 83-88.

[37] Cornelissen H A, Siemes A J. Plain concrete under sustained tensile or tensile and compressive fatigue loadings[C]. Proceedings of the 4th International Conference on Bahavior of offshore Structures, 1985: 487-498.

[38] Tepfers R. Tensile fatigue strength of plain concrete[J]. ACI Journal Proceedings, 1979, 76(8): 919-934.

[39] Cornelissen H A W. Fatigue failure of concrete in tension[J]. HERON, 1984, 29 (4):1-68.

[40] Song Y. Residual tensile strength of plain concrete under tensile fatigue loading[J]. Journal of Wuhan University of Technology-Mater. Sci. Ed., 2007, 22(3): 564-568.

[41] Schaff J R, Davidson B D. Life prediction methodology for composite structures. Part I—Constant amplitude and two-stress level fatigue[J]. Journal of Composite Materials, 1997, 31(2): 128-157.

[42] 陈徐东. 考虑应变率效应的混凝土材料力学性能的试验与理论研究[D]. 南京: 河海大学, 2014.

[43] Graf O, Brenner E. Experiments for investigating the resistance of concrete under often repeated compression loads[J]. Bulletin, 1934 (76).

[44] Murdock J W. A critical review of research on the fatigue of plain concrete[J]. Illinois Univ Eng Exp Sta Bulletin, 1965.

[45] Medeiros A, Zhang X, Ruiz G, et al. Effect of the loading frequency on the compressive fatigue behavior of plain and fiber reinforced concrete[J]. International Journal of Fatigue, 2015, 70: 342-350.

[46] Aramoon E. Flexural fatigue behavior of fiber-reinforced concrete based on dissipated energy modeling[D]. Maryland: University of Maryland, 2014.

[47] Loland K E. Continuous damage model for load-response of concrete[J]. Cement and Concrete Research, 1980, 10(3): 395-402.

[48] 金玉, 王向东, 徐道远, 等. 基于无损弹塑性模型的混凝土损伤定量分析[J]. 河海大学学报(自然科学版), 2003, 31(6): 659-661.

[49] 路德春, 杜修力, 闫静茹, 等. 混凝土材料三维弹塑性本构模型[J]. 中国科学(技术科学), 2014, 8: 288-291.

[50] Feenstra P H, Borst R D. A composite plasticity model for concrete[J]. International Journal of Solids and Structures, 1996, 33(5): 707-730.

[51] 周俊. 三向应力状态下高性能混凝土的本构关系研究[D]. 合肥: 合肥工业大学, 2011.

[52] Grassl P, Jirasek M. Meso-scale approach to modelling the fracture process zone of concrete subjected to uniaxial tension[J]. International Journal of Solids and Structures, 2010, 47(7-8): 957-968.

[53] Carmona S, Aguado A. New model for the indirect determination of the tensile stress-strain curve of concrete by means of the Brazilian test[J]. Materials and Structures, 2012, 45(10): 1473-1485.

[54] Gregoire D, Rojas-Solano L B, Pijaudier-Cabot G. Failure and size effect for notched and unnotched concrete beams[J]. International Journal for Numerical and Analytical Methods in Geomechanics, 2013, 37(10): 1434-1452.

[55] Simo J C, Ju J W. Strain- and stress- based continuum damage models-I: Formulation[J]. International Journal of Solids and Structures, 1987, 23(7): 821-840.

[56] 潘华, 邱洪兴. 基于损伤力学的混凝土疲劳损伤模型[J]. 东南大学学报(自然科学版), 2006, 36(4): 64-68.

[57] 齐虎, 李云贵, 吕西林. 混凝土弹塑性损伤本构模型参数及其工程应用[J]. 浙江大学学报(工学版), 2015, 49(3): 547-554.

[58] 李亮, 李彦. 基于热力学原理的混凝土热-力耦合本构模型[J]. 北京工业大学学报, 2016, 42(4): 554-560.

[59] Mazars J, Hamon F, Grange S. A new 3D damage model for concrete under monotonic, cyclic and dynamic loadings[J]. Materials and Structures, 2015, 48(11): 3779-3793.

[60] Zhang J, Li J, Woody J J. 3D elastoplastic damage model for concrete based on novel decomposition of stress[J]. International Journal of Solids and Structures, 2016, 95: 125-137.

[61] Kaplan M F. Crack propagation and the fracture of concrete[J]. ACI Journal Proceedings, 1961, 58(11): 591-610.

[62] Kachanov L M. Time of the rupture process under creep conditions[J]. Isv. Akad.Nauk.SSR. Otd Tekh. Nauk, 1958, 8: 26-31.

[63] Desayi P, Iyengar K T S R, Sanjeeva T. Stress-strain characteristics of concrete confined in steel spirals under repeated loading[J]. Materials and Structures, 1979, 12(71): 375-383.

[64] Zhang X, Guo Z, Wang C. Experimental investigation of complete stress-strain curves of concrete confined by stirrups under cyclic loading[C]. Proc., Eighth World Conference on Earthquake Engineering, San Francisco, California. 1984, 845-852.

[65] Shah S P, Fafitis A, Arnold R. Cyclic loading of spirally reinforced concrete[J]. Journal of Structural Engineering, 1983, 109(7): 1695-1710.

[66] Perry S H, Chenog H K. Stress-strain behaviour of laterally confined concrete columns[J]. Magazine of Concrete Research, 1991, 43(156): 187-196.

[67] Darwin D, Pecknold D A. Analysis of cyclic loading of plane RC structures[J]. Computers & Structures, 1977, 7(1): 137-147.

[68] Maher A, Darwin D. Mortar constituent of concrete in compression[J]. ACI Journal Proceedings, 1982, 79(2): 100-109.

[69] Mander J B, Priestley M J N, Park R. Theoretical stress-strain model for confined concrete[J]. Journal of Structural Engineering, 1988, 114(8): 1804-1826.

[70] Sakai J, Kawashima K. An unloading and reloading stress-strain model for concrete confined by tie reinforcements[C]. Proc., 12th WCEE. 2000: 1431-2000.

[71] Foster S J, Marti P. Cracked membrane model: Finite element implementation[J]. Journal of Structural Engineering, 2003, 129(9): 1155-1163.

[72] Aslani F, Jowkarmeimandi R. Stress-strain model for concrete under cyclic loading[J]. Magazine of Concrete Research, 2012, 64(8): 673-685.

[73] Park R, Kent D C, Sampson R A. Reinforced concrete members with cyclic loading[J]. Journal of the Structural Division, 1972, 98(7): 1341-1360.

[74] Elmorsi M, Kianoush M R, Tso W K. Nonlinear analysis of cyclically loaded reinforced concrete structures[J]. Structural Journal, 1998, 95(6): 725-739.

[75] Tang X, An X, Maekawa K. Behavioral simulation model for SFRC and application to flexural fatigue in tension[J]. Journal of Advanced Concrete Technology, 2014,12(10): 352-362.

[76] Watanabe F, Muguruma H. Toward the ductility design of concrete members-overview of researchers in Kyoto University[C]. Proceedings of Pacific Concrete Conference, 1988: 89-100.

[77] Aoyama H, Noguchi H. Mechanical properties of concrete under load cycles idealizing seismic actions[J]. Bull. d'information CEB, 1979, 131: 29-63.

[78] Osorio E, Bairán J M, Marí A R. Lateral behavior of concrete under uniaxial compressive cyclic loading[J]. Materials and Structures, 2013, 46(5): 709-724.

[79] Fafitis A, Shah S P. Rheological model for cyclic loading of concrete[J]. ASCE Journal of Structural Engineering, 1984, 110(9): 2085-2102.

[80] Sinaie S, Heidarpour A, Zhao X L. et al. Effect of size on the response of cylindrical concrete samples under cyclic loading[J]. Construction and Building Materials, 2015, 84: 399-408.

[81] Holmen J O. Fatigue of concrete by constant and variable amplitude loading[J]. ACI Special Publication, 1982, 75: 71-110.

[82] Valanis K C, Fan J. A numerical algorithm for endochronic plasticity and comparison with experiment[J]. Computers & Structures, 1984, 19(5): 717-724.

[83] Mayergoyz I. Mathematical models of hysteresis[J]. IEEE Transactions on Magnetics, 1986, 22(5): 603-608.

[84] Hordijk D A. Local Approach to Fatigue of Concrete[M]. TU Delft: Delft University of Technology, 1991.

[85] Hordijk D A, Reinhardt H W. Numerical and experimental investigation into the fatigue behavior of plain concrete[J]. Experimental Mechanics, 1993, 33(4): 278-285.

[86] Saucedo L, Rena C Y, Medeiros A, et al. A probabilistic fatigue model based on the initial distribution to consider frequency effect in plain and fiber reinforced concrete[J]. International Journal of Fatigue, 2013, 48: 308-318.

[87] Oh B H. Cumulative damage theory of concrete under variable-amplitude fatigue loadings[J]. Materials Journal, 1991, 88(1): 41-48.

[88] Oh B H. Fatigue life distributions of concrete for various stress levels[J]. Materials Journal, 1991, 88(2): 122-128.

[89] Cervenka V. Behaviour of concrete under low cycle repeated loadings[C]. AICAP-CEB Symposium,1979.

[90] Hsu T T C. Fatigue and microcracking of concrete[J]. Matériaux et Construction, 1984, 17(1): 51-54.

[91] Alliche A, Frangois D. Damage of concrete in fatigue[J]. Journal of Engineering Mechanics, 1992, 118(11): 2176-2190.

[92] Sparks P R, Menzies J B. The effect of rate of loading upon the static and fatigue strengths of plain concrete in compression[J]. Magazine of Concrete Research, 1973, 25(83): 73-80.

[93] Hordijk D A. Tensile and tensile fatigue behaviour of concrete; experiments, modelling and analyses[J]. Heron, 1992, 37(1):1-79.

[94] Oneschkow N. Fatigue behaviour of high-strength concrete with respect to strain and stiffness[J]. International Journal of Fatigue, 2016, 87: 38-49.

[95] 吴从超. 混凝土高应变下累积损伤本构规律研究[D]. 重庆: 重庆大学, 2006.

[96] Torrenti J M, Pijaudier-Cabot G, Reynouard J M. Mechanical Behavior of Concrete[M]. ISTE, 2010.

[97] Al-Gadhib A H, Baluch M H, Shaalan A, et al. Damage model for monotonic and fatigue response of high strength concrete[J]. International Journal of Damage Mechanics, 2000, 9(1): 57-78.

[98] Saito M. Characteristics of microcracking in concrete under static and repeated tensile loading[J]. Cement and Concrete Research, 1987, 17(2): 211-218.

[99] Grzybowski M, Meyer C. Damage accumulation in concrete with and without fiber reinforcement[J]. ACI Materials Journal, 1993, 90(6): 594-604.

[100] Shah S P. Predictions of comulative damage for concrete and reinforced concrete [J]. Matériaux et Construction, 1984, 17(1): 65-68.

[101] Vega I M, Bhatti M A, Nixon W A. A non-linear fatigue damage model for concrete in tension[J]. International Journal of Damage Mechanics, 1995, 4(4): 362-379.

[102] Gao L, Hsu C T T. Fatigue of concrete under uniaxial compression cyclic loading[J]. ACI Materials Journal, 1998, 95(5): 575-581.

[103] Miner M A. Cumulative damage infatigue[J]. Journal of Applied Mechanics, 1945, 12(3): 159-164.

[104] Hilsdorf H K. Fatigue strength of concrete under varying flexural stresses[J]. ACI Journal Proceedings, 1966, 63(10): 1059-1076.

[105] Janson J, Hult J. Fracture mechanics and damage mechanics—A combined approach[C]. International Congress of Theoretical and Applied Mechanics, 14th, Delft, Netherlands, 1976. Journal de Mecanique Appliquee, 1977, 1(1): 69-84.

[106] Rabotnov Y N. On the equations of state for creep[J]. Progress in Applied Mechanics, 1963, 12: 307-315.

[107] Lemaitre J, Plumtree A. Application of damage concepts to predict creep-fatigue failures[J]. Journal of Engineering Materials and Technology, 1979, 101(3): 284-292.

[108] Aas-Jakobsen K, Lenschow R. Behavior of reinforced columns subjected to fatigue loading[J]. ACI Journal Proceedings, 1973, 70(3): 199-206.

[109] Oh B H. Fatigue analysis of plain concrete in flexure[J]. ASCE Journal of Structural Engineering, 1986, 112(2): 273-288.

[110] Xiao J Q, Ding D X, Xu G, et al. Waveform effect on quasi-dynamic loading condition and the mechanical properties of brittle materials[J]. International Journal of Rock Mechanics and Mining Sciences, 2008, 45(4): 621-626.

[111] Tao Z Y, Mo H H. An experimental study and analysis of the behaviour of rock under cyclic loading[J]. International Journal of Rock Mechanics and Mining Sciences & Geomechanics Abstracts. Pergamon, 1990, 27(1): 51-56.

[112] Lenschow R. Long term random dynamic loading of concrete structures[J]. Matériaux et Construction, 1980, 13(3): 274-278.

[113] Zhang B, Phillips D V, Green D R. Sustained loading effect on the fatigue life of plain concrete[J]. Magazine of Concrete Research, 1998, 50(3): 263-278.

[114] Rusch H. Physical problems in the testing of concrete[J]. Zement-Kalk-Gips, 1959, 12(1):1-9.

[115] Wells D. An acoustic apparatus to record emissions from concrete under strain[J]. Nuclear Engineering and Design, 1970, (12): 80-88.

[116] Aggelis D G, Soulioti D V, Sapouridis N, et al. Acoustic emission characterization of the fracture process in fibre reinforced concrete[J]. Construction and Building Materials, 2011, 25(11): 4126-4131.

[117] Schechinger B, Vogel T. Acoustic emission for monitoring a reinforced concrete beam subject to four-point bending[J]. Construction and Building Materials, 2007, 21(3): 483-490.

[118] Wang H J, Lin Z, Zhao D Y. Application and prospect of acoustic emission technology in engineering structural damage monitoring[J]. Journal of Vibration and Shock, 2007, 26(6):157-161.

[119] Raghu Prasad B K, Vidya Sagar K. Relationship between AE energy and fracture energy of plain concrete beams: experimental study[J]. Journal of Materials in Civil Engineering, 2008, 20(3): 212-220.

[120] 刘茂军. 钢筋混凝土梁受载过程的声发射特性试验研究[D]. 南宁: 广西大学, 2008.

[121] 王岩, 吴胜兴, 周继凯, 等. 基于穷举法的三维声发射源定位算法[J]. 无损检测, 2008, 30(6): 348-352.

[122] 刘红光, 骆英. 基于 HHT 的预应力钢筋混凝土梁断裂 AE 信号分析[J]. 无损检测. 2009, 31(4): 264-268.

[123] 汪家送. 预应力钢筋与混凝土粘结界面声发射特性研究[D]. 镇江: 江苏大学, 2009.

[124] 胡海霞, 章青, 丁道红. 基于分形理论的混凝土材料力学性能研究[J]. 混凝土, 2010, 6: 31-36.

[125] Chen B, Liu J Y. Experimental study on AE characteristics of three-point bending concrete beams[J]. Cement Concrete Research, 2004, 34(4): 391-397.

[126] 纪洪广, 蔡美峰. 混凝土材料声发射与应力-应变参量耦合关系及应用[J]. 岩石力学与工程学报, 2003, 22(2) : 227-231.

[127] 吴胜兴, 王岩, 沈德建. 混凝土及其组成材料轴拉损伤过程声发射特性试验研究[J]. 土木工程学报, 2009, 42(7): 21-27.

[128] 吴胜兴, 王岩, 李佳, 等. 混凝土静态轴拉声发射试验相关参数研究[J]. 振动与冲击, 2011, 30(5): 196-204.

[129] 王余刚, 骆英, 柳祖亭. 全波形声发射技术用于混凝土材料损伤监测研究[J]. 岩石力学与工程学报, 2005, 24(5): 803-807.

[130] Tetsuya S, Hidehiko O, Ryuichi T, et al. Use of acoustic emission and X-ray computed tomography for damage evaluation of freeze-thawed concrete[J]. Construction and Building Materials, 2010, 24(6): 2347-2352.

[131] 李冬生, 匡亚川, 胡倩. 自愈合混凝土损伤演化声发射监测及其评价技术[J]. 大连理工大学学报, 2012, 52(5): 701-706.

[132] Su H Z, Hu J, Tong J J, et al. Rate effect on mechanical properties of hydraulic concrete flexural-tensile specimens under low loading rates using acoustic emission technique[J]. Ultrasonics, 2012, 52(2): 890-904.

[133] Sagar R V, Raghu Prasad B K. An experimental study on acoustic emission energy as a quantitative measure of size independent specific fracture energy of concrete beams[J]. Construction and Building Materials, 2011, 25(11):2349-2357.

[134] 逯静洲. 三轴受压混凝土损伤特性理论与试验研究[D]. 大连: 大连理工大学, 2001.

[135] 逯静洲, 林皋, 肖诗云, 等. 混凝土材料经历三向受压荷载历史后抗压强度劣化的研究[J]. 水利学报, 2001(11): 8-14.

[136] 逯静洲, 林皋, 肖诗云, 等. 混凝土经历三向受压荷载历史后强度劣化及超声波探伤方法的研究[J]. 工程力学, 2002, 19(5): 52-57.

[137] 林皋, 陈健云. 混凝土大坝的抗震安全评价[J]. 水利学报, 2001, 32(2): 8-15.

[138] Ballatore E, Bocca P. Variations in the mechanical properties of concrete subjected to cyclic loads[J]. Cement and Concrete Research, 1997, 27(3): 453-462.

[139] Kaplan S A. Factors affecting the relationship between rate of loading and measured compressive strength of concrete[J]. Magazine of Concrete Research, 1980, 32(111): 79-88.

[140] 肖诗云, 林皋, 王哲, 等. 应变率对混凝土抗拉特性影响[J]. 大连理工大学学报, 2001, 41(6): 721-725.

[141] Birkimer D L, Lindermann R. Dynamic tensile strength of concrete materials[J]. ACI Journal Proceedings, 1971, 68(8): 47-49.

[142] Ross C A, Jerome D M, Tedesco J W, et al. Moisture and strain rate effects on concrete strength[J]. ACI Materials Journal, 1996, 93(3): 293-300.

[143] David E L, Ross C A. Strain rate effects on dynamic fracture and strength[J]. International Journal of Impact Engineering, 2000, 24(10): 985-998.

[144] 于骁中, 居襄. 混凝土的强度和破坏[J]. 水利学报, 1983, 2: 24-38.

[145] 陈世铭. 混凝土工程断裂力学研究和应用的进展[J]. 工业建筑, 1983, 1: 32-40.

[146] Ince R. Determination of the fracture parameter of the Double-K model using weight functions of split-tension specimens[J]. Engineering Fracture Mechanics, 2012, 96(12): 416-432.

[147] Ince R. Determination of concrete fracture parameters based on two-parameter and size effect models using split-tension cubes[J]. Engineering Fracture Mechanics, 2010, 77(12): 2233-2250.

[148] Xu S L, Reinhardt H W. Determination of double-K criterion for crack propagation in quasi-brittle materials, part I: experimental investigation of crack propagation[J]. International Journal of Fracture, 1999, 98(2): 111-149.

[149] Xu S L, Reinhardt H W. Determination of double-K criterion for crack propagation in quasi-brittle materials, part III: compact tension specimens and wedge splitting specimens[J]. International Journal of Fracture, 1999, 98(2): 179-193.

[150] 荣华, 董伟, 吴智敏, 等. 大初始缝高比混凝土试件双 K 断裂参数的试验研究[J]. 工程力学, 2012, 29(1): 162-167.

[151] 范向前, 胡少伟, 陆俊. 非标准混凝土三点弯曲梁双 K 断裂韧度试验研究[J]. 建筑结构学报, 2012,33(10):152-157.

[152] 范向前, 胡少伟, 陆俊. 三点弯曲梁法研究试件宽度对混凝土断裂参数的影响[J]. 水利学报, 2012, 43(s1):85-90.

[153] Fan X Q, Hu S W. Influence of crack initiation length upon fracture parameter of high strength reinforced concrete[J]. Applied Clay Science, 2013, 79(6): 25-29.

[154] 中华人民共和国电力行业标准. DL/T 5332—2005 水工混凝土断裂试验规程[S]. 北京: 中国电力出版社, 2006.

[155] 胡少伟, 范向前, 陆俊. 缝高比对不同强度等级混凝土断裂特性的影响[J]. 防灾减灾工程学报, 2013, 33(2): 162-168.

[156] Ince R. Determination of concrete fracture parameters based on peak-load method with diagonal split-tension cubes[J]. Engineering Fracture Mechanics, 2012, 82(3): 100-114.

[157] 胡晓威. 中央带缺口立方体试件的双 K 断裂韧度及其率相关性分析[D]. 大连: 大连理工大学, 2013.

[158] 胡晓威, 张秀芳, 徐世烺. 采用立方体劈拉试件测定混凝土双 K 断裂参数[J]. 水利学报, 2012, 43(S1): 98-109.

[159] Kumar S, Barai S V. Determining the double-K fracture parameters for three-point bending notched concrete beams using weight function[J]. Fatigue & Fracture of Engineering Materials & Structures, 2010, 33(10): 645-660.

[160] 尹双增. 断裂损伤理论及应用[M]. 北京: 清华大学出版社, 1992.

[161] 李庆斌, 张楚汉, 王光纶. 单轴状态下混凝土的动力损伤本构模型[J]. 水利学报, 1994, 12: 55-60.

[162] 朱宏平, 徐文胜, 陈晓强, 等. 利用声发射信号与速率过程理论对混凝土损伤进行定量评估[J]. 工程力学, 2008, 25(1): 186-191.

[163] 陈炳瑞, 冯夏庭, 肖亚勋, 等. 深埋隧洞 TBM 施工过程围岩损伤演化声发射试验[J]. 岩石力学与工程学报, 2010, 29(8): 1562-1569.

[164] 胡伟华, 彭刚, 黄仕超, 等. 基于声发射技术的混凝土动态损伤特性研究[J]. 长江科学院院报, 2015, 32(2): 123-127.

[165] Suzuki T, Obtsu M. Quantitative damage evaluation of structural concrete by a compression test based on AE rate process analysis core test of concrete[J]. Construction and Building Materials, 2004, 18(3): 197-202.

[166] Carpinteri A, Lacidpgna G, Pugno N. Structural damage diagnosis and life-time assessment by acoustic emission monitoring[J]. Engineering Fracture Mechanics, 2006, 74(1): 273-289.

[167] 胡少伟, 陆俊, 范向前. 混凝土断裂试验中的声发射特性研究[J]. 水力发电学报, 2011, 30(6): 16-19.

[168] 范向前, 胡少伟, 陆俊. 基于声发射信号表征混凝土断裂过程的异常现象[J]. 水利水运工程学报, 2014, (3): 26-31.

[169] 范向前. 混凝土损伤断裂全过程试验研究及其力学行为表征[D]. 南京: 河海大学, 2013.

[170] 马怀发, 王立涛, 陈厚群, 等. 混凝土动态损伤的滞后特性[J]. 水利学报, 2010, 41(6): 659-664.

[171] 纪洪广. 混凝土材料声发射性能研究与应用[M]. 北京: 煤炭工业出版社, 2004.

[172] Vecchio F J, Collins M P. The modified compression-field theory for reinforced concrete elements subjected to shear[J]. ACI Journal Proceedings, 1986, 83(2): 219-231.

[173] Petersson P E. Crack growth and development of fracture zones in plain concrete and similar materials[D]. Lund University, 1981.

[174] Gopalaratnam V S, Shah S P. Softening response of plain concrete in direct tension[J]. ACI Journal Proceedings. 1985, 82(3): 310-323.

[175] McCall K R, Guyer R A. Equation of state and wave propagation in hysteretic nonlinear elastic materials[J]. Journal of Geophysical Research: Solid Earth, 1994, 99(B12): 23887-23897.

[176] 薛彦伟, 席道瑛, 徐松林. 岩石非经典非线性频率效应的细观研究[J]. 岩石力学与工程学报, 2005, 24(s1): 5020-5025.

[177] Mertens S, Vantomme J, Carmeliet J. Modelling of the influence of the damage on the behavior of concrete during tensile-compressive loading[J]. Fracture Mechanics of Concrete Structures, 2007, 1-7.

[178] Preisach F. Über die magnetische Nachwirkung[J]. Zeitschrift Für Physik, 1935, 94(5): 277-302.

[179] van Den Abeele K E A, Carmeliet J, Johnson P A, et al. Influence of water saturation on the nonlinear elastic mesoscopic response in Earth materials and the implications to the mechanism of nonlinearity[J]. Journal of Geophysical Research: Solid Earth, 2002, 107(B6):1-11.

[180] Wang M L, Shah S P. Reinforced concrete hysteresis model based on the damage concept[J]. Earthquake Eng. Struct., 1987, 15: 993-1003.

[181] Zinszner B, Johnson P A, Rasolofosaon P N J. Influence of change in physical state on elastic nonlinear response in rock: Significance of effective pressure and water saturation[J]. Journal of Geophysical Research: Solid Earth, 1997, 102(B4): 8105-8120.

[182] 包雪阳, 施行觉. 岩石非线性弹性的实验研究及其PM模型的理论解释[J]. 岩石力学与工程学报, 2004, 23(20): 3397-3404.

[183] Hsu T T C. Fatigue of plain concrete[J]. ACI Journal Proceedings, 1981, 78(4): 292-305.

[184] Do M T, Chaallal O, Aitcin P C. Fatigue behavior of high-performance concrete[J]. Journal of Materials in Civil Engineering, 1993, 5(1): 96-111.

[185] Bennett E W. Fatigue of plain concrete in compression under varying sequences of two-level program loading[J]. International Journal of Fatigue, 1980, 2(4): 171-175.

[186] Paskova T, Meyer C. Low-cycle fatigue of plain and fiber-reinforced concrete[J]. ACI Materials Journal, 1997, 94(4): 273-285.

[187] Tepfers R, Sjöström G O, Svensson J I, et al. Development of a method for measuring destruction energy and generated heat at fatigue of concrete[J]. 3rd Inernational Conference, Civil Engineering, 2011, 11: 117-124.

[188] Malvar L J, Ross C A. Review of strain rate effects for concrete in tension[J]. ACI Materials Journal, 1998, 95(6): 735-739.

[189] Du Béton F I. Fib Model Code for Concrete Structures 2010[M]. Berlin: Wilhelm Ernst & Sohn, 2013.

[190] Wefer M. Material behaviour and design values for UHPC under uniaxial fatigue loading[D]. Dissertation, Leibniz University Hannover, Berichte aus dem Institut für Baustoffe, 2010.

[191] Hohberg R. Zum Ermüdungsverhalten von Beton[J]. 2004.

[192] Anders S, Lohaus L. Polymer-und fasermodifizierte Hochleistungsbetone für hochdynamisch beanspruchte Verbindungen wie "Grouted Joints" bei Windenergieanlagen[J]. Abschlussbericht zum Forschungsstipendium, 2002, 4.

[193] Code CEB FIP M. Model code for concrete structures[J]. Bulletin D' Information, 1990 (117-E).

[194] German institute for standardization(ED): Eurocode 2: design of concrete structures part 1-1: general rules for buildings[M]. German version, 2011.

[195] German institute for standardization(ED): Eurocode 2: design of concrete structures-concrete bridges-design and detailing rules[M]. German version, 2010.

[196] Petkovic G, Lenschow R, Stemland H, et al. Fatigue of high-strength concrete[J]. Special Publication, 1990, 121: 505-526.

[197] Wefer M. Fatigue behavior and design values of ultra-high-strength concrete subjected to uniaxial fatigue loading, report of the institute of building materials science[D]. Doctoral Dissertation, 2010.

[198] Janson J, Hult J. Fracture mechanics and damage mechanics—A combined approach[J]. Journal de Mecanique Appliquee. 1977, 1(1): 69-84.

[199] Voyiadjis G Z. Continuum Damage Mechanics. Handbook of Materials Modeling[M]. Netherlands: Springer, 2005: 1183-1192.

[200] 于海祥. 基于理想无损状态的混凝土弹塑性损伤本构模型研究及应用[D]. 重庆: 重庆大学, 2009.

[201] 赵造东. 水工混凝土受压疲劳性能及累积损伤研究[D]. 昆明: 昆明理工大学, 2011.

[202] Jau C W. Fatigue of high strength concrete[D]. Ithaca, New York: Cornell University, 1986.

[203] Thun H, Ohlsson U, Elfgren L. A deformation criterion for fatigue of concrete in tension[J]. Structural Concrete, 2011, 12(3): 187-197.

[204] Balazs G L. Bond behavior under repeated loads[J]. Studie Ricerche, 1986, 8: 395-430.

[205] Hamdy U M A. A damage-based life prediction model of concrete under variable amplitude fatigue loading[D]. Lowa: The University of Lowa, 1997.

索　引